DISSERTATION

SUR LES

MOULINS A HUILE,

OU

L'ART DE FABRIQUER LES HUILES D'OLIVES

RÉDUIT A SES VRAIS PRINCIPES.

Par JEAN-PIERRE PEYRON, Propriétaire à Marseille.

PRIX : DEUX FRANCS.

A MARSEILLE, DE L'IMPRIMERIE DE GUION,

RUE D'AUBAGNE, N.º 6.

*Cet ouvrage se vend chez l'auteur, rue du Baignoir, n.º 2,
et chez tous les Libraires des départemens méridionaux.*

1811.

Toutes les formalités exigées par la loi ont été remplies. Les contrefactions seront dénoncées aux tribunaux compétens pour la poursuite de ces délits, et les exemplaires qui ne seront pas signés par l'auteur seront considérés comme le fruit de la fraude.

Nota. Les personnes qui désireront de plus grands renseignemens soit sur la construction des machines décrites dans ce traité, soit sur les moyens de tirer le parti le plus avantageux de ces machines, sont priées d'affranchir leurs lettres.

DISSERTATION

SUR LES MOULINS A HUILE,

O U

L'ART DE FABRIQUER LES HUILES D'OLIVES

RÉDUIT A SES VRAIS PRINCIPES.

L'Art de fabriquer les huiles d'olives , comme tous ceux qui sont livrés à la routine des habitans de la campagne , se ressent encore de l'enfance dans laquelle nos pères l'ont laissé. Une fabrication qui n'a que quelques mois de durée, étant presque généralement exercée par des paysans qui sont occupés le reste de l'année à d'autres travaux, ne pouvait que faire peu de progrès. Pour perfectionner des machines, pour en créer de nouvelles , il faut avoir des connaissances acquises qu'on ne peut pas supposer à ces hommes utiles. Absorbés dans les détails infinis de l'agriculture pratique , qui est leur principale , leur unique occupation , ils sont privés de la faculté de faire des expériences ; ils ne peuvent pas , faute de loisir , comparer les résultats des procédés existans avec ceux qu'on pourrait leur substituer ; et , conduits par l'habitude , ils font machinalement ce qu'ils ont vu faire, sans soupçonner l'existence d'une autre méthode.

Les savants qui ont écrit sur la physique de nos moulins n'ont pas été fabricans. Il n'était guère possible qu'en parcourant nos ateliers , en conférant avec les ouvriers qui les dirigent , ils pussent , quelqu'aptitude qu'on leur suppose , parvenir à la découverte de la cause qui rend notre fabrication vicieuse. Tout ce qu'ils ont pu faire , c'est de connaître le mannequin de nos fabriques et d'en perfectionner les mouvemens. Nous leurs devons donc plus de solidité , plus de régularité dans les machines existantes , et la connaissance des résultats funestes « qui con- » courent avec ceux que produit quelquefois » la végétation pour dépouiller les malheureux » cultivateurs. » Ils ont droit à notre reconnaissance par la publicité qu'ils ont donnée à ces résultats , par le courage qu'ils ont eu « de » dénoncer les profits immenses que les posses- » seurs des moulins fesaient sur les huiles d'en-

» fer , par l'aperçu qu'ils nous ont fourni du
» produit des recenses. »

Connaître le mal , en ignorer la cause , ne proposer que des moyens vagues , incertains pour arrêter ses effets nuisibles , ne sont pas des raisons suffisantes pour donner l'éveil au magistrat. Il n'est pas toujours nécessaire pour extirper les vices , de les peindre avec des couleurs vives et fortes. Cette manière , plus brillante qu'utile , conduit rarement au triomphe de la vérité , et , tout en favorisant les élans de l'imagination, elle ne sert le plus souvent qu'à inspirer la défiance et le doute. Les faits exposés avec véhémence , ressemblent trop à la passion pour qu'on ne soit pas porté à les croire exagérés. C'est aussi le sort qu'éprouvèrent les plaintes de M. Isnard aux administrateurs de la Provence. « Les abus qu'il attaquait parurent » si extraordinaires , si invraisemblables qu'il » ne fut pas cru. »

Mon but est de prouver l'existence de ces abus, en faisant connaître la cause qui les produit, et d'offrir les moyens d'en purger nos fabriques à huile. Les opérations qui peuvent m'y conduire ne diffèrent pas sensiblement de celles qui sont usitées : elles sont plus raisonnées, plus rapprochées de leur objet. On sentira par le récit que je vais en faire qu'elles résultent de l'expérience. C'est elle qui doit me diriger dans cet ouvrage ! Si je ne me fais pas illusion , mon respect pour ses préceptes, les soins que j'ai mis à les rendre clairs, précis , exacts ; mon attention à ne les présenter que dans leur véritable jour , à former par leur réunion un faisceau de preuves capables de porter la conviction dans tous les cœurs, dans ceux même qui sont gangrenés par les préjugés et qui se plaisent dans leur erreur , prouveront la nécessité de modifier l'ancienne méthode , et mon travail devenant utile aux cultivateurs de tous les points du globe , où fleurit l'arbre précieux de Pallas, ma tâche sera remplie.

Pour obtenir le plus grand résultat dans la fabrication des huiles , il faut *que la pâte des olives soit parfaitement broyée ; que la pression soit lente et sûre ; que la troisième opération consistant à échauder la pâte , après l'avoir de nouveau divisée , ne laisse rien à désirer.*

Les meules que j'ai préférées joignent aux avantages de bien triturer les olives , de supprimer les *peissaires* (1) , celui de conserver la qualité de l'huile , soit par leurs propriétés intrinsèques , soit par la douceur de leurs mouvemens ; elles en augmentent le produit par les divisions infinies qu'elles font de ce fruit , par le peu de tems qu'elles mettent à le broyer ; et comme elles ne font pas plus de tours que les chevaux qui les mettent en action , on les accuserait inutilement d'échauffer la pâte.

Chaque virant se compose d'une meule dormante , de deux meules tournantes , et d'un cône tronqué.

La dormante placée horizontalement sur un bon massif de maçonnerie , construit au ciment, a 63 pouces de diamètre par 18 pouces d'épaisseur. Elle est quarrément percée à son centre de 2 pouces de profondeur par 4 de largeur pour recevoir le cône.

Non compris la partie saillante de deux pouces par quatre qui passe par son axe et qui sert à le fixer quarrément à la dormante , le cône

---

(1) C'est un ouvrier dont la principale occupation consiste à réduire, avec le secours des engins , les olives en pâte , et à l'habileté duquel tient exclusivement le sort du triturage.

tronqué a 15 pouces de hauteur 30 pouces de diamètre à sa base et 18 pouces de diamètre à sa surface supérieure. Il est perpendiculairement placé sur la dormante , et la crapaudine en acier , qui reçoit le pivot inférieur de l'arbre , est entaillée dans cette surface supérieure.

Les meules tournantes ont 45 pouces de diamètre. Elles sont équarries sur l'une des faces et taillées en mamelon de l'autre , ensorte que leur épaisseur au centre est de 10 pouces et de 8 pouces à la circonférence. Elles sont posées de champ sur la dormante , et séparées par le cône , savoir, l'une à 1 pouce de ce cône , l'autre à 1 pouce de la coupe , de manière pourtant que les mamelons se trouvent dans la même direction , c'est-à-dire , que l'un regarde le cône, l'autre la coupe. Ces meules sont fixées dans cette situation par des clavettes qui passent dans des essieux en fer d'inégale longueur, dans lesquels elles tournent , ayant à-peu-près 1 pouce de jeu horizontal. Ces essieux traversent l'arbre auquel ils sont assujétis par un boulon qui sert à former la charnière.

Quant à la coupe , elle est construite en maçonnerie au ciment. Elle a 18 pouces d'épaisseur à sa base et se termine à 5 pouces. Elle prend 1 pouce ¹/₂ sur la dormante. Elle est construite en s'évasant dans sa partie intérieure, qui se trouve revêtue de deux rangs de briques, lesquelles au lieu d'être placées sur la même oblique, forment entr'elles un angle fort obtus pour forcer la pâte à séjourner sur la dormante. Comme celle-ci est au niveau du sol, l'élévation de la coupe n'excède pas 28 pouces.

Le pivot inférieur de l'arbre a quatre branches dont deux servent de conducteur aux essieux, et les deux autres de viroles au boulon. L'autre extrêmité de l'arbre a également un pivot en fer qui tourne dans une virole en cuivre solidement fixée à la poutre du plancher des greniers. Les leviers sont adaptés à l'arbre, ils ont 6 pieds de longueur, et l'on y attèle deux chevaux.

On voit par la description des parties qui composent ce moulin, que s'il est plus couteux qu'un moulin à sang ordinaire, il est aussi beaucoup plus solide, et n'expose pas son propriétaire aux mêmes frais d'entretien.

Les greniers se trouvant immédiatement placés au-dessus de l'espace occupé par les virans, on a pratiqué des trémies, qui, au moyen d'une manche en bois terminée par une coulisse, conduisent

la *motte* (1) dans les coupes , on a soin de ne
faire tomber les olives que par petite partie ,
soit pour diminuer l'effort des chevaux , soit
pour mettre plus d'uniformité dans le triturage.

J'ai dit que la meule dormante avait un diamètre de 63 pouces, et ci. . . . . . 63 p.

Il faut déduire :

Pour la batisse de la coupe, 3 p.

Pour l'emplacement du cône, 30 p.

Total . . . . 33 p. ₋ 33 p.

Reste donc . . . . . . 30 p.

qui se trouvent divisés en deux parties égales
par le cône placé au centre de la dormante.

Il ne reste donc plus que 15 pouces d'espace

---

(1) On entend par *motte* la quantité de mesures
d'olives qui entre dans une mouture. La capacité des
mottes , variable dans presque tous les moulins, aurait
besoin d'être déterminée , puisque c'est d'elle que dé-
pend essentiellement la bonne fabrication des huiles.
Les différences qui existent à cet égard , prouvent
qu'on agit machinalement et sans principes dans une
opération qui réclame toute l'attention des cultivateurs.
Il serait tems qu'une expérience raisonnée prévalût
sur la routine aveugle qui la dirige.

de la base du cône à la coupe , et *vice versâ.*

Les deux meules tournantes ayant 8 pouces chacune d'épaisseur occupent tout cet espace , plus 1 pouce.

L'une fait sa révolution à 1 pouce près du cône , l'autre la fait à 1 pouce près de la coupe.

Les olives qui s'échappent , soit vers le cône , soit vers la coupe , trouvant le talus du cône , l'évasement de la coupe , et les meules qui sont dans ces parties taillées en mamelons , retombent nécessairement par leur propre poids , et sont de nouveau soumises à l'action des meules. Celles qui s'échappent dans l'intérieur de la coupe éprouvent un sort pareil. Rien ne peut les garantir d'être triturées et de l'être parfaitement, puisqu'elles sont constamment sous les meules pendant toute la durée du triturage.

Ces meules ont un mouvement circulaire et elles tournent sur elles-mêmes comme les meules des autres engins. Ce qui les distingue , c'est le mouvement horizontal, c'est le mouvement perpendiculaire et la facilité qu'elles ont de ne décrire qu'en partie le même cercle.

Par ce moyen , la pâte dans laquelle elles nagent , ne saurait arrêter ni suspendre leurs mouvemens. Elles font l'effet du pilon et de la rape en même tems qu'elles broyent. Les parties les plus légères de la pâte surnagent , les plus pesantes restent au fond , et à mesure qu'elles se subdivisent , elles cèdent leur place à celles qui ont le plus de consistance , et ainsi de suite jusqu'à la fin de l'opération dont la durée est d'une heure et quart tout au plus.

Voilà la suppression des *peissaires* avantageuse aux propriétaires des olives. Les bons ouvriers s'obstinant à ne pas vouloir pétrir , on ne peut employer à ce travail essentiel que des novices , ou des enfans , qui sont bien éloignés d'avoir l'idée de son importance , et qui rarement en atteignent le but.

La découverte de ce moulin ingénieux mis depuis peu d'années en usage dans le département du Var , méritera un jour des éloges publics à son inventeur. Je suis tellement convaincu de ses bons effets , que j'aime à croire que les départemens méridionaux lui doivent de la reconnaissance. Si le nom de cet artiste m'était parvenu , je le ferais connaître. Son procédé avoué par l'expérience , suivi dans tous les établissemens où il est apprécié , prouve d'une manière victorieuse que le triturage des olives n'est plus livré à l'arbitratre ni à l'incapacité des ouvriers ; que sans que l'individu chargé de ce travail y mette du sien , il faut qu'il soit bien fait ; que non seulement sa mal-adresse ou sa paresse ne peuvent plus gâter la *motte* , mais qu'il est dans l'impuissance absolue de gâter une seule olive. On peut dire encore qu'il réunit les avantages des moulins *à lanterne et à eau* (1), sans en avoir les inconvéniens , puisqu'il paraît démontré que la vitesse excessive de la meule dans ces sortes d'engins enlève le bouquet de l'huile , la rend plus forte , et en diminue la quantité.

Un des reproches que l'on fait à cette machine consiste dans la prétendue difficulté d'en-

______

(1) M. Couture , curé de Miramas , dit , page 297 du livre second de son traité de l'olivier : « Je place-
» rai volontiers cet engin dans un moulin de recense.
» Ici la pâte est déjà triturée et l'eau chaude y fait
» plus que l'action de la pierre. Lorsqu'il est question
» de broyer des olives, la pierre ne doit pas aller trop
» vite , si on veut bien travailler la pâte , autrement
» les olives fuyent de dessous la meule , la pâte glisse
» et l'huile reste dans le marc. Il n'est que les seuls
» moulins de recense qui profitent de la vitesse de ces
» meules et de leur faible poids. »

lever la pâte pour garnir les *scortins* (1). Nul doute qu'avec une meule à *peissaire* ce travail ne soit plutôt expédié , parce que plusieurs ouvriers peuvent s'y mettre et s'y mettent, en effet , mais c'est au détriment du propriétaire des olives , puisqu'il perd réellement d'autant plus d'huile , que plus de mains sont employées à remuer cette pâte. Ici , au contraire , le désavantage est pour le meûnier , attendu qu'il n'y a que trois hommes qui puissent être employés à cette opération. Il perd donc de l'huile et du tems, mais il gagne la certitude d'avoir constamment une trituration uniforme , un bon travail , sans dépendre de la capacité, de la volonté des mercenaires qu'il emploie , et cet avantage est trop précieux pour ne pas compenser ses pertes.

Des agronomes d'un mérite distingué n'ont pas omis , en traitant de l'olivier, de parler de la physique de nos moulins. Les différentes méthodes qu'on y suit sont exposées avec clarté dans leurs ouvrages. Ils indiquent les abus qui

______

(1) C'est un cabas aplati , de forme ronde , qu'on garnit avec la pâte des olives lorsque l'on veut en exprimer l'huile.

rendent ces fabriques défectueuses ; ils proposent des améliorations, de nouvelles machines ;
et leurs découvertes, fruit de leur génie plutôt
que le résultat de l'expérience, ont donné lieu
à de longues discussions sans produire aucun bien.

L'effet du mal était connu avant leurs célèbres écrits. Il fallait découvrir la cause de ce
mal, en indiquer le remède, et c'est, je crois,
ce qu'ils ont oublié de faire.

Tous s'accordent à dire qu'on ne peut obtenir
une bonne fabrication qu'autant que le triturage des olives est bien fait : voilà le premier
problême à resoudre.

Ce triturage devant être fait par des meules :
il faut distinguer quelles sont les meules qui
conviennent le mieux à l'objet, donner les raisons qu'on a eu de les préférer, et corriger,
par ce moyen, le premier, le principal abus
d'où découlent tous les autres.

M. l'abbé Rozier « donne la préférence
» aux meules formées de matière volcanique.
» M. Bernard, page 356 de son mémoire sur
» l'olivier, assure qu'elles ne sont pas pourtant
» toujours les meilleures. » Les raisons qu'il donne pour les faire rejetter, justifient le choix de
M. l'abbé Rozier.

Il paraît que M. Bernard , malgré l'opinion où il est , d'après Caton : « Qu'on se servait » beaucoup en Italie des meules de laves ; qu'on » les tirait toutes montées de Pompeïa. » penche pour celles de Porphyre , ou pierres lisses. Il se plaint néanmoins de la négligence que les meûniers apportent à faire boucharder ces meules pendant la durée de la récolte , et dit , page 359 de l'ouvrage déjà cité , « que plus la meule » est lisse , moins les olives sont bien broyées. »

M. Couture , page 269 , exige , pour la meule tournante une pierre *marseillaise* , et pour la dormante une pierre très-dure et bien lisse.

Voilà les autorités respectables dont je vais , à regret , discuter les différentes opinions. Si ces hommes également animés du vif désir de perfectionner la fabrication des huiles d'olive , avaient été à portée de présider , comme je l'ai fait , aux différens travaux qu'elle exige , ils auraient eu sur la question qui m'occupe une pensée uniforme , et leur assentiment aurait fait loi dans toutes les provinces favorisées par la nature pour la propagation de l'olivier. Leur division a perpétué , en quelque sorte , les abus qu'ils voulaient réprimer. Admirateur zélé de leurs productions , convaincu qu'elles ont eu pour objet le bien public, dois-je respecter les erreurs que j'y trouve ? non, sans doute. La preuve la plus positive que je puisse donner que je ne me suis dirigé que par leurs principes, c'est de relever ces erreurs avec franchise et de dire avec force ce que je sais être vrai.

Les meules de laves, vulgairement appelées *mouresques*, sont fort poreuses. Elles possèdent éminemment la qualité de déchirer, de diviser les olives. Les fragments de quartz qui s'en détachent aux premiers chocs, les débarrassant de ces parties hétérogènes, ajoutent à leurs bonnes qualités.

« L'huile existant toute formée dans la pulpe » de l'olive, » indique qu'il importe de soumettre les olives à l'action des meules capables de bien diviser cette pulpe, et plus encore l'épiderme ou la peau de l'olive à laquelle elle adhère si fortement. Ce n'est donc qu'à des meules qui ont la propriété de diviser qu'on doit confier le triturage des olives, si l'on veut avoir une bonne fabrication, et obtenir toute l'huile qu'elles contiennent.

Les meules de porphyre, vulgairement appelées *pierres-froides*, n'ont pas la propriété de diviser, parce qu'elles sont lisses. C'est

inutilement qu'on les boucharde , le frottement
les ramène presqu'aussitôt à leur état naturel.
Au reste , c'est une opération que les meûniers
ont intérêt de négliger et qu'ils négligent en
effet. Sans les plaintes fondées de M. Bernard,
nous en avons la preuve dans notre arrondis-
sement , où ce travail, d'ailleurs peu utile, ne
s'opère ni avant , ni pendant la durée de la
récolte.

Ces meules ne sont donc pas propres au
triturage des olives, et l'on ne doit pas, sans
nécessité , chercher à découvrir la véritable
cause de leur grande réputation. La pâte qu'on
en retire, quoique très-mal broyée , paraît au
toucher plus fine , plus veloutée que celle qu'on
obtient des meules de laves.

Le cultivateur sans expérience , ainsi que le
meûnier qui profite innocemment de son erreur ,
proclament que cette pâte est bien faite, tandis
que la raison n'apperçoit , dans ce prétendu
chef-d'œuvre de l'art , qu'une pure illusion qu'elle
dissipe sans effort.

Il n'est pas douteux que les olives étant frois-
sées par des corps durs et lisses, elles doivent
être fortement meurtries et leurs noyaux entièrement pulvérisés : voilà la raison de la finesse

et du velouté de la pâte. Mais ces corps polis ;
étant dépourvus de pores , n'ont pas la propriété de déchirer les fruits soumis à leur action ,
l'olive n'est donc pas divisée. Extrêmement
aplatie, sa peau renferme, enveloppe une grande
partie de la pulpe. L'huile que cette pulpe contient est perdue pour le propriétaire des olives.
L'effort de la pression , l'action de l'eau bouillante sont insuffisants pour l'en extraire ; c'est
dans les *enfers* (1) qu'elle s'engloutit, c'est dans
les *grignons* (2) qu'elle séjourne (3). Si l'on veut
procurer au propriétaire des terres toute son

---

(1) Synonyme de *caquier*. Ce sont des citernes dans
lesquelles on précipite l'amurque , les eaux qui ont
servi pour échauder la pâte des olives , ainsi que les
débris de ces olives qui se trouvent dans le cuvier
où l'on fait reposer les huiles.

(2) Synonyme de *marc*. C'est le résidu de l'olive
après qu'on en a exprimé l'huile et l'amurque.

(3) Tout particulier peut se convaincre de cette
vérité. Qu'il prenne un tourteau sortant des scortins
d'un moulin monté de pareilles meules, et il trouvera toutes les peaux des olives enveloppant une
partie plus ou moins considérable de pulpe. C'est
là une des principales causes du produit licite des
enfers , et la seule qui ait rendu nécessaire les moulins de recense.

huile, il faut nécessairement que la pâte soit bien broyée, et on sait qu'elle ne peut l'être qu'autant que l'olive est divisée en parties extrêmement menues.

Les meules de roches percillées, dures, composées de petits caillous, vulgairement appelées *marseillaises*, sont, à part le défaut essentiel dont je parlerai bientôt, aussi avantageuses que les meules de laves pour la fabrication des huiles. M. Couture dit à l'égard de ces meules au passage déjà cité : « On tire les » meilleures des carrières de Marseille, et on » les appelle *marseillaises*. Elles broyent mieux » la pâte, et la pâte mieux travaillée donne » plus d'huile. Bien des auteurs reprouvent » cette espèce de pierre ; ils lui préfèrent tout » autre qui serait unie et lisse. Les olives glis- » sent sous ces meules, la pâte est mal bro- » yée, il reste beaucoup d'huile dans le marc. » Pour éviter cet inconvénient, on bat, on » pique, on *boucharde* ces pierres lisses. N'im- » porte, les olives sont toujours mal triturées ; » et c'est sans fondement qu'on reproche aux » pierres *marseillaises* de vicier l'huile, l'ex- » périence est en leur faveur ; elle affirme le » contraire. »

. Cet éloge est vrai. Ce qui étonne dans cet auteur , c'est la préférence qu'il donne ensuite à la *pierre-froide* pour meule dormante. « Le » lit , dit-il , doit être très-dur et bien lisse » pour bien travailler la pâte des olives. »

La contradiction est manifeste. J'ai fait connaître mes raisons pour supprimer les *pierres-froides* , elles résultent de l'expérience. Je suis bien certain qu'on ne persuadera jamais à un homme sensé s'occupant d'économie rurale , que des polissoirs dénués de propriétés pour déchirer , pour diviser les olives , puissent donner une pâte bien préparée. Aussi suis-je porté à croire que M. Couture a été induit en erreur par les fermiers des moulins qu'il a consultés lorsqu'il a rédigé cet article. Si leurs préjugés ne les avaient séduits , ils auraient vu que la réunion de ces pierres , ayant des propriétés si opposées , choquait la raison ; qu'elles ne pouvaient s'accorder ni entr'elles , ni avec l'intérêt des chalands , puisqu'il devait nécessairement résulter d'un corps raboteux agissant sur une surface unie , une fabrication vicieuse.

Pour ce qui me concerne , voici le systême que j'ai suivi.

J'ai fait choix pour mes meules tournantes et

pour mes cônes, des pierres de laves ou *mou-resques*. Je les ai préférées aux *marseillaises* , parce qu'ayant comme elles la propriété de diviser les olives , elles ont de plus l'avantage d'être composées d'une matière homogène et de s'user uniformément.

Les *marseillaises*, formées de parties dures et *molles* , n'offrent pas la même garantie et exposent à des inconvéniens graves en perdant leur rondeur. C'est ce qui m'est arrivé quand mes meules étaient montées d'après le systéme vanté par M. Couture , et sur les dimensions qu'exige M. l'abbé Rozier. A la vérité elles étaient énormes. Pour mouvoir des masses de plus de quatre-vingts quintaux un bon mulet avait beaucoup de peine , et on conçoit que ces meules perdant de leur rondeur , les efforts de cet animal étaient impuissants pour continuer le travail.

Relativement à ces grosses meules , les meil-leurs esprits ne s'étaient point préservés du pré-jugé populaire. Il ne faut cependant que réflé-chir pour être convaincu que pour broyer des olives , on doit moins avoir égard au poids de la pierre qu'à sa qualité. L'expérience et le tems ont enfin triomphé de cette erreur : ils ont dévoilé les vices des polissoirs et mis en honneur les meules moyennes. Voulant donc obtenir des olives bien triturées pour pouvoir en extraire toute l'huile qu'elles contiennent , j'ai mis , dans les nouveaux virans que j'ai si heureusement adoptés , ces masses gigantesques pour meules dormantes, au lieu des corps durs et lisses qu'indique M. Couture. Le bon travail que j'ai obtenu, par ce moyen, prouve que j'ai bien fait. D'ailleurs cette association des meules *marseillaises* avec les *mouresques* n'a rien de contradictoire dans la fabrication des huiles , puisque ces pierres , quoique d'un grain différent, possèdent les mêmes propriétés et conviennent également au parfait triturage des olives.

L'objet du triturage des olives étant suffisamment développé , passons à la solution du second problême , et faisons ressortir les avantages qui résultent *d'une pression lente et sûre.*

M. l'abbé Rozier , « estimant que nos pres-» soirs à huile ne diffèrent point de ceux à vin, » dont on se sert dans le pays » , ne prend pas la peine de les décrire , il se borne à les indiquer.

M. Couture , page 261 et suivantes , décrit un pressoir à chargement. Il en expose assez longuement le mécanisme : il erre en parlant du mouvement de la vis ; il ne donne aucune dimension.

M. Bernard , plus exact, parle en artiste de ce pressoir , il en démontre les vices et les propriétés.

Il est prouvé par l'expérience : 1.º que les vis en bois pressurent mal , sans manquer d'énergie comme le supposent les auteurs que je cite ; 2.º qu'il s'échappe beaucoup d'huile dans les enfers ; 3.º qu'il en reste aussi considérablement dans le marc ; 4.º enfin , que nos moulins de recense doivent leur existence à ce vice.

M. l'abbé Rozier propose pour correction le moulin hollandais ; M. Couture , l'expérience ; M. Bernard, de plus grandes dimensions dans le diamètre des vis.

Par rapport au moulin hollandais , il est possible qu'il soit très-avantageux pour extraire avec économie les huiles des graines , mais on aurait pu prouver , sans la démonstration scientifique de M. Bernard , sans les mauvaises plaisanteries de M. Couture (1) , qu'en l'employant

---

(1) On lit dans son *traité de l'olivier* , page 549 et suivantes , en parlant de M. l'abbé Rozier : « Après » avoir fait son ouvrage , ce physicien nous en en- » voya quelques exemplaires. On rit beaucoup de » son pressoir à *étiquet*, et pour ne pas le renvoyer, » les mains vides, les états de Provence lui accor- » dèrent une gratification , dont il ne fut pas flatté. » Il remit cet argent entre les mains du trésorier de » la société libre d'émulation de Paris , pour être » adjugé au meilleur mémoire sur les moulins et » pressoirs à huile d'olives.

» M. Rozier sentit tout le ridicule de son pressoir » à étiquet. Il connut toute son insuffisance pour » extraire l'huile de nos olives. Il le reprouva bien » vite et lui substitua le moulin à la hollandaise. »

» Ce serait , dit M. l'abbé Rozier , l'effet d'un » amour-propre bien mal-entendu , de tenir encore à » ses idées, ou lorsqu'on s'est trompé , ou lorsqu'on » est parvenu à connaître quelque chose de plus parfait » ou de plus utile que ce qu'on a publié , etc.

» Ceux qui connaissent la physique de nos moulins » diront que M. Rozier ne les a pas vus ; ceux qui » savent la faible gratification qu'il a reçue de nos » administrateurs , diront ; *il a été mieux payé en* » *Hollande ;* ceux qui ont entendu nos jeux , nos » badinages , nos railleries , quand nous avons reçu » son pressoir à étiquet , diront : *il a voulu s'en* » *venger.* »

à la fabrication des huiles d'olives , il aurait infailliblement perdu de sa réputation.

Analysons les divers passages de M. Couture , et prouvons sans aigreur combien ses idées contrastent avec la vérité.

M. l'abbé Rozier, reconnaissant toute *l'insuffisance* de son pressoir à *étiquet* pour exprimer l'huile de nos olives , *le reprouve*. Plaçons M. Couture dans la même circonstance , qu'aurait-il fait de plus ?

La gratification que les états de Provence accordent à M. l'abbé Rozier pour cet objet , est destinée , par ce physicien , à l'auteur du *meilleur mémoire sur les moulins et pressoirs à huile d'olives*. Cette conduite est digne d'éloge. Elle remplit le vœu des états qui ne pouvaient vouloir accorder une gratification quelconque qu'à l'auteur d'un ouvrage utile. Celui de M. l'abbé Rozier n'ayant point ce caractère , d'après son propre aveu , puisqu'il le *reprouve*, ne méritait donc aucune récompense. Pouvait-il alors renvoyer cet argent aux états ? la bienséance s'y opposait Pouvait-il le garder? il se serait avili. Que faire dans sa position ? ce qu'il a fait, ce que veulent la justice et la morale qui exigent que les intentions du donateur soient religieusement observées.

M. l'abbé Rozier ayant parcouru la Hollande , visité les moulins de ces provinces, fut sans doute séduit par l'ordre , la régularité , la perfection des machines qui les composent, et crut devoir en pro-

« M. Bernard persuadé que la pression lente gagne en force ce qu'elle perd en vitesse, propose de diminuer la grandeur des pas des vis, après avoir conseillé d'en augmenter le diamètre. (1)

---

poser l'usage aux habitans du midi de la France pour la fabrication des huiles d'olives. Les agronomes de nos contrées n'ont point partagé son enthousiasme pour ce moulin : ils ont tous été d'un avis contraire, mais personne que je sache, le curé de Miramas excepté, n'a vu dans cette proposition *aucuns motifs de vengeance*, ni l'occasion d'injurier son auteur.

(1) On lit, page 433 et suivantes de son ouvrage : « Ce qui fait que dans un très-grand nombre de pres» soirs l'huile est si mal exprimée, *c'est que les vis* » *ont trop peu d'épaisseur*. Dans ceux qui passent pour » les meilleurs, le diamètre des vis n'excède pas *neuf* » *pouces*; il faudrait qu'il eût *un pied*; et si on » trouvait assez facilement des pièces de bois assez » épaisses pour y faire des écrous de *quinze pouces*, » on devrait en profiter, pour donner encore **un** » plus grand diamètre aux vis. Il m'a paru aussi que, » dans nos meilleurs pressoirs, on faisait le pas des » vis trop grand; ils ont presque partout *deux* » *pouces*. Il suffirait de leur donner, comme on a fait » dans quelques endroits, *un pouce et demi*; *la vis* » *s'abaisserait moins dans le même tems, et l'effort*

Cet académicien veut en cela deux choses incompatibles. Il est certain d'abord qu'en augmentant le diamètre des vis en bois , on augmente leur frottement , ainsi que la grandeur de leur pas ; d'où il suit qu'il faudra un plus grand effort pour mouvoir ces vis , et qu'elles s'abaisseront davantage dans le même tems. Ce résultat n'est pas celui que M. Bernard veut obtenir ; mais est-il possible de concilier sa proposition avec ses idées ? N'est-il pas évident , que si des vis en bois de 9 *pouces de diamètre* ont 2 *pouces de pas* , en donnant 15 *pouces de diamètre* à ces vis , pour que leurs pas aient quelque solidité , il faudra les faire plus grands ; et alors , au lieu de corriger le défaut des vis on l'augmente. Ce savant est arrivé jusqu'au bord du puits où la vérité s'est cachée ! Si vous voulez un effort plus lent , diminuez le diamètre de vos vis. Si le pas de vos vis en bois , infiniment plus petit , rend ces vis incapables de produire l'effort dont vous avez besoin , déclarez qu'elles ne sont pas propres à l'objet dont il s'agit , et cherchez des

---

» *qu'elle produirait serait d'autant plus sûr qu'il serait* » *plus lent.* »

machines plus efficaces ; car tant que vous n'ob-
tiendrez pas une pression lente et sûre , vous
devez renoncer à l'espoir de faire une bonne
fabrication.

L'opinion de M. Couture , à cet égard, man-
que de modération , mais non pas de prudence.
Convaincu que les changemens qu'on proposait
étaient insuffisants pour améliorer le sort de
nos cultivateurs ; prévoyant même que ces nouvelles machines pourraient leur être funestes ;
il croit, malgré son enthousiasme pour le moulin qu'il décrit , qu'il vaut mieux garder nos
engins imparfaits que de leur en substituer de
pires. Il se résume et dit , page 267 , « C'est
» à l'industrie à inventer , à mettre en action
» ces machines , et l'expérience couronnera,
» ou elle reprouvera les essais des physiciens et
» des artistes. »

Il est donc de la sagesse humaine de ne
proposer une nouvelle machine qu'après l'autorité de l'expérience. L'homme de génie que son
flambeau n'éclaire pas , peut, avec les intentions
les plus pures , tromper ses contemporains en
s'abusant lui-même, et produire un mal réel,
au lieu d'un bien imaginaire qu'il promet.

Pénétré de cette grande vérité , je ne viens

point proposer des innovations dans l'art d'extraire l'huile des olives. Mon pressoir n'est pas nouveau , il est presque aussi ancien que la science. Il diffère de ceux qui sont communément en usage par la facilité qu'ont mes vis de remplir les conditions du second problême , que celles en bois n'auraient jamais résolu , comme je l'expliquerai bientôt.

Mes vis sont en fer forgé ; elles ont chacune 6 pouces de diamètre , 40 pouces de pas , non compris 1.° le quarré pour recevoir la lanterne ; 2.° la tête de la vis où passe le collier qui sert à suspendre la banquette ; 3.° enfin , sa partie supérieure pour recevoir l'armature.

Chaque pas de vis a 6 lignes tant plein que vide , et ils sont coupés carrément.

Les écrous sont en bronze ; ils ont chacun 14 pouces de hauteur , raccordés avec les vis , c'est-à-dire , que les filets des écrous sont aussi coupés carrément.

Pour occuper peu d'espace , économiser la dépense et flatter le coup-d'œil , sans nuire à l'aisance si nécessaire aux ouvriers dans une fabrique de cette importance , on a cru qu'il était indispensable de n'avoir qu'un seul banc pour les trois vis.

Le banc est une forte pièce de bois d'orme, placé horizontalement à la hauteur convenable, dans la parallele d'un arceau de 14 pieds de diamètre, où il est retenu par des jambes de force en fer, scellées dans les murs latéraux et par deux tirans fixés à la poutre qui se trouve dans l'aplomb d'une des extrémités de ce banc.

Huit montans en fer de 2 pouces et $^1/_2$ d'équarrissage, divisés en deux parties inégales, appuyent au banc et aux mastres. Ils sont retenus au-dessous des mastres et au-dessus du banc, par des ancres en fer du même équarrissage qu'eux. Dans leurs divisions, ils s'acrochent par des mentonnets ; et cet assemblage bien imaginé, est consolidé par des brides en fer d'une seule pièce. L'effet que doivent produire ces montans, consiste à empêcher le banc de monter. On voit par là que l'effort de la pression a lieu du banc aux mastres et réciproquement ; d'où il suit que ce sont les montans, ainsi que les ancres tant supérieures qu'inférieures, qui en font tous les frais.

Les mastres, placées dans la perpendiculaire du banc, auquel elles sont parallèles, sont en pierre-froide très-dure, ayant chacune 36 pouces de largeur par 18 pouces d'épaisseur.

On a cru qu'il était imprudent de placer ce magnifique pressoir sous des voûtes à chargemens, persuadé que cet amas de pierres, n'opposant de résistance qu'en raison de son poids, ne présenterait qu'un vain obstacle aux efforts extraordinaires qui résultent de la pression douce, mais excessive, de ses belles vis.

Les lanternes sont en fer fondu ; elles sont rondes et d'une seule pièce ; elles entrent carrément dans la tête de la vis, où une cheville en fer à trois branches les retient. Ces chevilles servent encore à monter et à descendre les vis. Les lanternes sont divisées en quatre parties égales par des entaillures en forme de crenaux qui servent à fixer les barres.

Les barres sont suspendues par deux tringles à l'armature des vis et en suivent sans variation tous les mouvements ; elles sont en fer ayant 8 pieds 6 pouces de longueur. La partie qui touche la vis l'embrasse, et a conséquemment la forme d'un demi-cercle. L'autre extrémité arrondie en baguette, est percée pour recevoir le crochet qui tient à la corde du cabestan.

L'armature de chaque vis se compose d'une

flèche, d'une pièce transversale , et d'un levier à bascule.

La flèche a une de ses extrémités, en forme de godet, qui entre dans la partie supérieure de la vis. L'autre extrémité qui est arrondie, reçoit la pièce transversale ; elle passe dans une virole en cuivre fondue sur une barre de fer qui est scellée dans le mur , servant à déterminer la perpendicularité de cette armature.

La pièce transversale est percée à l'une de ses extrêmités pour recevoir la tringle qui sert à suspendre la barre. On y adapte , au moyen d'un écrou , un levier à bascule , qui sert à l'aide d'une autre tringle et d'une petite chaîne placées à ses extrémités , à soulever la barre de son créneau pour changer sa direction. Cette opération est d'autant plus aisée que le levier est plus long.

On ne peut rien voir de plus ingénieux que ce changement de barre. L'artiste qui l'a imaginé a donné à cette machine un degré de perfection qu'on ne lui soupçonnait pas. Cela plaît à tout le monde : pourquoi ? C'est que dans son genre cela ne laisse rien à désirer.

Un plateau en cuivre assez considérable , ayant une coupe à son centre pour recevoir la tête de la vis , est enchassé au milieu de la banquette où quatre boulons à écrous le retiennent.

Entre la tête de la vis et la lanterne , il y a une rainure destinée à recevoir le collier qui sert à supporter la banquette. Ce collier est de figure carrée. Il est artistement composé de plusieurs pièces visibles et d'une virole en cuivre, qu'on ne voit pas , qui embrasse toute la capacité de la vis. Cette virole est divisée en deux parties. Son objet est d'empêcher que la vis ne soit offensée par le frottement qu'occasionne le poids de la banquette , celui du plateau en cuivre , qui se trouvent suspendus par quatre boulons à écrous qui passent par les angles du collier.

Cette banquette solidement construite , est assujétie entre les quatre montans.

Comme on n'agit jamais par secousses , chaque vis a son cabestan , qu'on emploie quand il faut développer une grande force.

Pour donner plus de facilité aux travailleurs , et joindre à la solidité , à l'agrément d'avoir les presses réunies , l'avantage , la commodité de les avoir isolées , les deux extrêmes manœuvrent d'un côté et celle du centre de l'autre.

Voilà les dimensions de mes vis , et à peu de chose près la description de tout l'attirail dont elles ont besoin pour produire leur effet.

On a lu que les pas de ces vis étaient de *six lignes* ; et que, d'après M. Bernard , ceux des vis en bois ont communément *deux pouces*.

Le pas de mes vis n'est donc que le quart de ceux des vis en bois employées dans nos meilleurs moulins. Pour atteindre une révolution de ces vis en bois , les miennes sont donc obligées d'en faire quatre : voilà la pression lente.

Mais cette pression en même tems qu'elle est lente , est aussi très-sûre.

Des vis en fer forgé de six pouces de diamètre , dont les filets ou pas n'ont que six lignes , étant mises en action par un levier de huit pieds six pouces de longueur , qui est mu par un cabestan où quatre hommes peuvent se placer , sont susceptibles d'un effort beaucoup plus grand que celui qui est nécessaire pour la fabrication des huiles ; puisque sans éprouver une résistance opiniâtre , deux individus , seulement , qui voudraient employer toute leur force , feraient disparaître la pâte , les scortins , et dégraderaient les plateaux qui les séparent de la banquette , avant qu'ils fussent réduits à ne plus pouvoir pressurer. Voyons si les vis en bois peuvent promettre un tel avantage, avant de faire observer les effets différens qui résultent de leurs pressions respectives.

L'expérience nous apprend que la course des vis en bois a un terme fixe que ni les meilleurs cabestans, ni les fameux *toucadoux* dont parle M. Couture, ne sauraient franchir sans les exposer à une destruction certaine (1). Alors, comme il reste beaucoup d'huile dans les marcs,

---

(1) J'ai toujours considéré les cabestans aux presses ayant des vis en bois , dans les moulins à huile , comme un pur charlatanisme qui en impose aux sots, sans qu'il en résulte aucun bien pour personne. Ceux qui les mettent veulent , en diminuant le nombre de leurs ouvriers , persuader que leur pression a plus d'énergie , et usurper une réputation que de véritables *toucadoux* leur feraient aisément perdre. Si huit de ces hommes vigoureux et adroits s'emparaient d'une vis que le cabestan ne peut plus faire agir, par leurs secousses , par les mouvements qu'ils communiqueraient à cette machine , ils parviendraient , à l'aide d'un levier de trois toises , sans beaucoup de peine , et sans exposer les engins à leur faire faire plusieurs *trous*. La force que le cabestan imprime est trop douce et trop constante pour des corps aussi

on dit que ces vis manquent d'énergie, et cette accusation est fausse.

La vis en bois a toute l'énergie nécessaire pour exprimer l'huile de la pâte des olives. Si elle n'a jamais atteint le but, si l'on ne doit jamais espérer qu'elle l'atteigne, ce n'est pas faute d'énergie, mais bien par un vice qui tient à sa constitution, et qu'on ne peut détruire qu'en la supprimant.

Ce vice, qui a donné lieu à tant de recherches infructueuses, résulte de sa pression précipitée. La pâte surprise, si je puis m'exprimer ainsi, s'échappe incontinent par les mailles des scortins, en même tems qu'une partie de l'huile et de l'amurque (1), et va, en dépouillant le propriétaire des olives, enrichir celui du moulin. L'huile qui se trouve au centre des scortins,

---

poreux, aussi raboteux que les vis dont il s'agit. Elles ont besoin d'être agilement tremoussées pour pouvoir produire leur effet.

(1) Eau de végétation, l'une des quatre parties constituantes de l'olive dans son état de maturité. Voyez M. Couture, page 218 et suivantes, si vous voulez apprendre l'étymologie du mot et avoir une idée des différents usages que les anciens fesaient de la chose.

n'ayent plus d'issue , se niche dans les particules de la pâte , et nul effort humain , sans une nouvelle manipulation , sans le secours de la recense , ne saurait l'en extraire. Voilà pourquoi les tourteaux qu'on retire de ces pressoirs , contiennent encore de l'huile. Cette huile varie du plus au moins , mais par des causes différentes , telles que la qualité des meules , celles des scortins , le diamètre des vis , et finalement la manière dont la pression s'exerce avec ou sans cabestans.

Dans la pression lente et sûre , au contraire , la pâte n'est point surprise. L'huile et l'amurque , chassés par une force excessive , mais douce , qui commande et facilite leur écoulement, sortent avec aisance. La pâte , s'il s'en échappe par les mailles des scortins , ne fuit qu'à la dernière extrémité , et dans un tems où elle est presqu'entièrement dégagée de toute l'huile qu'elle contenait , de sorte que le propriétaire des olives n'éprouve qu'une faible perte. Aussi les tourteaux qu'on obtient sont absolument dépouillés. Ils n'offrent , après la dernière division qu'on leur fait éprouver par le cylindre , qu'un résidu qui paraît étranger à l'olive par le goût , bien qu'il soit composé des débris de son noyau, de ses fibres et de sa peau, qu'on prend, au sortir du pressoir, pour des pellicules de parchemin.

Tel est l'effet certain de cette pression lente et sûre, dont la découverte fortuite doit anéantir tous les systêmes, rallier toutes les opinions, et réduire à la nullité la plus complette les moulins de recense, qui n'étaient devenus nécessaires que par le vice qu'elle a détruit.

Quelques grands et réels que soient ces avantages, ils comptent néanmoins de détracteurs qui, n'ayant pu nier les résultats, cherchent à les calomnier.

Ils objectent, en premier lieu, que je fais la recense en même tems que l'huile fine, et que ces deux huiles étant confondues par mes procédés, doivent en fournir une de qualité très-inférieure.

D'un autre côté, ils affirment que ce que je donne en plus que les moulins de l'ancien systême, n'est pas proprement de l'huile, mais une crasse visqueuse, qui, se changeant en un dépôt fétide, accélère la corruption de celle qu'on obtient par les mêmes moyens, et ne laisse pour tout bénéfice, pour tout produit, qu'un amas considérable de mucilage, avec le regret d'avoir été séduit par des apparences trompeuses.

Ces objections, plus spécieuses que solides, sont démenties par deux années d'expérience qui en démontrent la nullité. Je pourrais m'en rapporter, avec confiance, au témoignage de tous ceux qui ont fait détriter leurs olives dans ma fabrique, si le besoin de dissiper de faux bruits qui pourraient se grossir, se propager hors de ma commune, et nuire au bien public par mon silence, ne me fesait un devoir de les réfuter.

1. D'abord je ne fais point la recense : je la rends inutile. L'huile de recense n'est puante à l'odorat et détestable au goût, que parce qu'on ne l'extrait des grignons qu'après la récolte, quand ces grignons ont été saturés d'eau pendant plusieurs mois, dans laquelle ils ont croupi, après avoir plus ou moins fermenté. Ici, l'huile qu'on obtient en sus des produits ordinaires, n'est point subordonnée à ces circonstances ; elle vient des olives. Si les olives sont fraîches, l'huile sera bonne ; si elles ont fermenté, si elles sont corrompues, l'huile sera détestable, sans qu'il puisse en résulter du blâme contre les différentes opérations que

ces olives éprouveront dans mon atelier.

2. L'expérience prouve que les huiles nouvelles , quelque soignée qu'ait été leur fabrication , contiennent des parties hétérogènes et mucilagineuses ; qu'elles s'en dépouillent par le repos ; qu'un trop long séjour de ces matières tendrait à les altérer , à les détériorer ; qu'on prévient cet appauvrissement , en les transvasant aux époques déterminées par les usages ; et que , finalement , le volume de ces corps étrangers est toujours proportionné à la quantité de ces huiles, ainsi qu'à l'état des olives qui les ont produites.

Mais, soit qu'on examine les écrits de nos meilleurs agronomes , soit qu'on médite les savantes découvertes des chimistes les plus distingués, on ne trouve nulle part que la crasse visqueuse ou le mucilage soit de l'huile ; ni que l'huile puisse devenir , par le repos , une matière fétide. Ces deux idées impliquent contradiction.

Si l'augmentation que je donne est une crasse visqueuse , rien ne lui donnera les apparences de l'huile , et à moins d'un prestige , qui répugne à la raison , le public ne pourra pas être séduit. Si c'est de l'huile , elle doit persévérer dans son état, et le repos, loin de la détruire, doit augmenter sa douceur, sa bonté, puisqu'il est nécessaire pour la débarrasser du mucilage qui est interposé entre ses molécules.

Tout sert donc à prouver que la différence qui existe entre les produits fournis par les autres moulins, comparés avec ceux qu'on obtient dans le mien, n'est point une décomposition des parties mucilagineuses. Les objections de mes adversaires, loin de détruire cette assertion la fortifient, puisqu'ils m'accusent de faire la recense. Les huiles qu'on obtient par la recense des marcs, celles qui se précipitent dans les caquiers, n'ont jamais été considérées comme crasse visqueuse par les meûniers qui en profitent, ni par les négociants qui les achètent. Or puisqu'il est certain que c'est de cette source que provient l'excédent que je donne aux particuliers, par quelle manie ridicule veut-on persuader qu'une cause naturelle et évidente produit des effets chimériques et surnaturels ?

Il est pénible d'avoir à traiter des propositions aussi absurdes ; mais comme on m'assure que les faits qu'elles dénoncent, ont réellement existé , je dois chercher à connaître la route oblique qu'on a suivie pour leur donner cette existence. C'est par abus de confiance, par la séduction de quelques pauvres paysans qu'on est parvenu à donner à la fraude la physionomie de la vérité. Tout porte à présumer que les moyens qu'on a employés pour réussir dans un projet aussi injuste , consistent dans un mélange facile à faire , dont les détails doivent être connus , pour mettre fin à de pareils excès.

Après avoir enlevé l'huile des cuviers , on en retire les *eaux*. Ces *eaux* ne sont autre chose que l'huile qui n'a pas pu se séparer de l'amurque. Ceux qui , à l'instigation des méchants , ont mêlé leurs huiles avec les *eaux* pour avoir un prétexte de décrier mon établissement , ne pouvaient pas mieux réussir , parce que ces eaux étant imprégnées de beaucoup de fèces , de l'huile la plus grasse et de tous les corps étrangers qui résultent de la décomposition des olives, devaient non seulement augmenter le volume du dépôt , mais encore vicier l'huile. Malgré cela leur triomphe devait être éphémère , puisque leur tromperie était isolée. Si la passion de nuire ne les avait pas égarés , ils auraient prévu tous les inconvénients de leur démarche ; ils auraient eu la conviction que la presque totalité de mes chalands n'ayant pas concouru à cette œuvre d'iniquité, opposerait, par son silence, un obstacle invincible à sa réussite, que la seule exposition des résultats contraire ferait écrouler.

Cette discussion me met dans la nécessité d'exposer à mes lecteurs la méthode qui me dirige dans la fabrication des huiles. Elle me conduira à la solution du dernier problême, consistant *à échauder la pâte après l'avoir de nouveau divisée.* J'espère les édifier en leur prouvant que de tout ce qui peut contribuer au produit, à la qualité des huiles, rien n'a été omis, et ce sera là ma réponse.

J'ai pour principe de procurer aux particuliers qui fréquentent mon moulin : une garantie suffisante pour leur denrée, une prompte expédition, une fabrication avouée par l'expérience, une augmentation très-considérable dans les résultats.

Mes greniers sont appropriés d'après les plans des plus grands maîtres ; ils sont tous sur le plancher qui correspond aux meules. Leur contenance est de trois *mottes* d'olives ; j'en ai cinq beaucoup plus vastes et neuf d'une moindre capacité.

《 Chaque grenier est numéroté en chiffres ro-
mains , les seuls qui soient familiers aux cultivateurs illitérés. On a eu l'attention de les
construire en pente douce avec des issues pour
faciliter l'écoulement de l'amurque , et afin que
les olives restent toujours à sec (1).

Le local où sont les greniers , a deux portes:
l'une extérieure pour recevoir les olives, l'autre
intérieure pour aller mesurer les *mottes* et garnir les trémies. Pour couper la racine des abus

---

(1) « Il faut que le fond des greniers soit en pierres
» ou en briques et construit de façon que toute l'hu-
» meur des olives puisse s'écouler. Car cette amurque
» est si contraire à l'huile , que si elle restait dans le
» tas des olives elle vicierait son agréable saveur....
» On doit enfermer les olives dans des endroits non
» humides et pavés , *mais jamais sur le terrain.* »
Columelle cité par M. Couture , page 154.

« Le grenier pour l'entrepos des olives sera à cou-
» vert en lieu frais , sec, plus éventé qu'humide , pavé
» un peu en pente pour vuider l'humeur qu'elles ren-
» dent étant amoncelées. Avant que les y loger elles
» seront soigneusement nétoyées , les déchargeans de
» toutes ordures , de pourriture , de pierres , de terres ,
» de buschetes et semblables drogueries , pour les
» conserver nettes sans s'acquérir aucune mauvaise
» senteur. » Olivier de Serres , lieu sixième , pag. 627.

vrais ou supposés qu'on dit avoir existé dans certains moulins , les clefs de ces portes sont confiées à un ouvrier d'élite que j'appelle gardien. Ce gardien, aidé par des ouvriers subalternes , reçoit les olives , les distribue dans les différents greniers , tient les trémies toujours garnies , veille à ce que la propreté et l'ordre règnent dans ce local , et rend compte à l'instant des opérations dont il est chargé.

La bonne fabrication des huiles tient nécessairement à la capacité des *mottes*. Si elles sont trop fortes , la durée du triturage sera beaucoup plus longue, et les olives moins bien broyées. Il résulte alors deux inconvénients graves qu'il faut éviter. Les olives qui sont mal broyées fournissent une moindre quantité d'huile ; celles qui sont exposées plus long-tems à l'action des meules , donnent une huile moins fine. Pour obtenir la meilleure qualité et la plus grande quantité d'huile , qu'un certain volume d'olive donné puisse fournir, il faut donc faire des petites *mottes*.

Mes plus fortes *mottes* contiennent quinze double-décalitres non combles, ce qui revient à-peu-près à douze panaux combles, ancienne mesure , c'est-à-dire, aux deux tiers et même à la moitié de celles que font en général les autres moulins.

Ces *mottes* ainsi réduites ont indisposé beaucoup de paysans. Ils sentent fort bien l'avantage précieux qui en résulte, mais ils ne s'en révoltent pas moins contre l'évidence. Obligés par les usages de payer la taxe en numéraire, ils croyent être fondés à se plaindre. Voulant être équitable avec tout le monde, je le serai avec cette classe utile, malheureuse, et souvent injuste, car, à l'avenir, et pour toujours, je ne recevrai plus de taxe en argent, et la mouture ne sera plus perçue en raison de la capacité des *mottes*, voulant avoir la liberté de les diminuer encore si je le crois nécessaire à la perfection de l'art. Le mode à suivre pour ce payement, va être déterminé. Il ne pourra guère convenir qu'à des moulins strictement montés d'après mon système. Je présume que j'aurai besoin pour le faire réussir du concours des propriétaires, et j'y compte, mon établissement leur étant trop avantageux pour qu'ils dédaignent l'emploi des moyens qui peuvent le rendre durable. Ce que j'exigerai d'eux n'est point un sacrifice : la justice et un intérêt bien entendu leur commandent de favoriser mes desseins. Je dois tranquilliser tous les esprits , concilier tous les intérêts. *Il faut que chacun trouve son profit à fréquenter mon moulin ; que les charges du paysan soient mieux révarties ; que son maître gagne à ce changement ; que je trouve mon compte dans leur commun bénéfice.*

Quand la *motte* est toute dans la coupe , on tourne un sable d'une heure. Cet intervalle expiré , le *bailli* vient s'assurer si la pâte est bien faite. Dans cette supposition on l'enlève ; dans le cas contraire , les chevaux continuent le travail.

Lorsqu'on enlève la pâte pour la pressurer , on a l'attention d'en mettre fort peu dans chaque scortin. Les miens ont 24 pouces de diamètre , et quoique ma *motte* soit très-petite , on en met ordinairement 30 , et souvent jusqu'à 36 pour la contenir. Ce moyen très-simple tend à perfectionner l'effet du pressurage ; il est plus avantageux que celui proposé par M. Bernard, qu'on a tellement jugé impraticable , qu'il n'a reçu nulle part son exécution.

Les scortins , de forme ronde « sont ordinai- » rement construits en jonc ou avec la plante » maritime appelée *spart*. » Je doute , malgré l'invitation de M. Bernard , qu'il y en ait de forme carrée soit en molleton ou en laine. Les meilleurs sont , sans contredit, les moins épais , et ce seraient les scortins espagnols qui nous viennent directement de la Catalogne , si leurs mailles étaient infiniment petites. Nos ouvriers reconnus par leur adresse à manier le sparte devraient s'occuper des moyens qui peuvent conduire à perfectionner ces scortins. Plus ils seront serrés, moins la pâte s'échappera ; plus ils seront minces , mieux elle sera pressurée.

Sur la foi de mes prédécesseurs , devant considérer les scortins construits en jonc comme les moins dangereux, je m'en étais muni pour la première récolte. Leur diamètre de 16 à 18 pouces se trouvant trop petit pour me permettre de placer la *motte* de 20 panaux combles , sur une seule pile , je fus obligé d'avoir recours à ceux d'Espagne qui avaient près de 20 pouces. Étant d'ailleurs plus minces , ils semblaient mieux convenir à l'objet.

Vers le mois de Juin , en vidant mes caquiers , je trouvai dans le fond de la première citerne 4 pieds de marc , 3 pieds et $^1\!/_2$ dans la seconde; 3 pieds dans la troisième. Cette progression indiquait le nombre de citernes dont j'aurais eu besoin pour sauver tout le marc qui s'échappe par les mailles de ces scortins , et dont la perte doit être beaucoup plus considérable dans les moulins qui ont des vis en bois , leur pression étant précipitée.

Mes caquiers ayant l'inconvénient de ne pas pouvoir être visités sans suspendre tous les travaux de l'atelier, je fis construire en dehors du moulin, dans un logement séparé fermé à la clef , deux petites citernes , communiquant par un canal, avec les trois autres, ainsi qu'un réservoir particulier. Le tout avait pour objet de sauver l'huile et partie du marc qui s'échappait par l'écoulement des enfers.

Persuadé que le diamètre des scortins d'Espagne était encore trop petit , j'en fis construire en sparte d'un diamètre de 24 pouces , à mailles très-serrées.

Dès que la récolte eut commencé , et que mes caquiers furent pleins , j'eus l'attention de visiter journellement mes petites citernes. Leur surface ne m'offrit pendant très-longtems qu'une crasse mucilagineuse qui semblait ne contenir aucunes parties huileuses ; je la fesais néanmoins enlever avec soin, pour la déposer dans le réservoir. Dans le fort de la récolte , ce mucilage parut contenir quelque peu d'huile , et je

finis par remplir mon réservoir de ces matières.
Par cette précaution , l'écoulement des caquiers
ne m'occasionna aucune perte en huile.

Il est reçu dans le terroir de Marseille que ,
sans faire tort aux chalands , le meûnier doit
trouver dans ses enfers un scandal d'huile pour
dix *mottes* , dix scandaux pour cent *mottes* ,
et ainsi de suite. Les années où ce produit est
moindre , sont très-rares : on pourrait en citer
où il a plus que doublé.

D'après ce principe , j'aurais dû trouver dans
mes enfers , chaque année, relativement au travail que j'ai fait , plus de 90 scandaux d'huile.
La première année j'en trouvai 30 , et 10 la
seconde : c'est-à-dire, que dans le premier cas
je n'eus que *le tiers* du produit des autres moulins , et *le neuvième* dans le second.

La première différence.est l'effet de la *pression
lente et sûre* ; la seconde , l'ouvrage de la
réduction des mottes , de *l'invention du cylindre* , de *l'usage des scortins* ayant un grand
diamètre et des mailles très-serrées ; puisqu'en
vidant mes caquiers , au lieu d'y trouver , comme
l'année précédente , *une prodigieuse quantité
de marcs* , je n'ai vu dans le fond des citernes ,
qu'un *limon très-délayé*, qui ne différait guère

des eaux dont elles étaient remplies.

Il faut conclure de cette découverte , que les scortins d'Espagne , quoique très-minces , doivent être considérés comme très-nuisibles. Ils sont funestes aux propriétaires des olives par la quantité considérable de pâte qui s'échappe par leurs grandes mailles ; ils sont avantageux aux meûniers , par les grands profits que cette pâte leur procure dans les enfers. Ces scortins ne doivent leur réputation qu'à la facilité qu'ils ont de fournir des tourteaux dont le marc est bien sec , surtout dans le département du Var où on les laisse quelquefois plus de douze heures sous le pressoir ; mais cet avantage , contraire aux principes , doit être une raison de plus pour les proscrire de nos ateliers.

Je dois donc annoncer aux cultivateurs que les scortins sont , de tous les ustensiles du moulin , ceux qui exigent de leur part la plus grande surveillance ; qu'ils doivent considérer , comme prouvé, que c'est par les imperfections de ces cabas qu'ils peuvent perdre beaucoup d'huile , et détériorer la qualité de celle qu'ils obtiennent.

L'usage pernicieux de faire de grosses *mottes* , l'habitude d'avoir des scortins d'un petit diamètre, forcent les meûniers à mettre beaucoup trop de pâte dans ces scortins. Leur épaisseur, quand ils sont garnis, a près de trois pouces. On conçoit qu'une pile de ces scortins est une pile mouvante qui ne peut qu'à force d'engins et de bras conserver son équilibre. Le meûnier trouve son compte à ces embarras, car les mains et les leviers ne *s'huilent* que pour lui ; mais ce n'est pas tout, si on se rappelle que la pression des vis en bois est une pression précipitée. Agissant alors sur un plus grand volume de pâte, la quantité qui s'en échappe par les larges mailles de ces scortins, doit être très-copieuse ; et comme les tourteaux doivent rester nécessairement fort épais, il est évident qu'ils doivent encore contenir beaucoup d'huile.

Cultivateurs, voulez-vous, en attendant que nos fabriques soient régénérées, perdre le moins d'huile possible ? Fuyez les moulins montés de *pierres lisses* que vous appelez *pierres-froides* ; exigez une bonne trituration de vos olives ; des scortins minces, serrés, à mailles infiniment petites ; un nombre triple de ces scortins, et finalement un nombre de pressoirs, proportionné à la capacité des mottes.

M. Bernard, page 445 et suivantes, nous appfend qu'on n'emploie que 3o scortins de 15 à 18 pouces de diamètre, pour pressurer 5 sacs d'olives, que j'estime de la contenance de 20 double-dé-calitres combles. Il assure que les tourteaux qu'on en retire sont bien secs , après avoir resté 11 heures sous le pressoir : cela paraît vraisem-blable. Ce qui ne l'est pas, « c'est que, d'après cet auteur, « ces tourteaux ne contiennent qu'une » très-petite quantité d'huile. »

Les 11 heures de repos que le marc éprouve sous ces pressoirs, doivent contribuer à le bien sécher ; mais ce long espace de tems , relative-ment à son objet, de quelle utilité peut-il être pour en extraire l'huile ?

Tous ceux qui ont fréquenté nos moulins n'igno-rent pas qu'après les derniers efforts de la vis , on arrose le pourtour de la pile des scortins , avec de l'eau bouillante, pour enlever toute la bave qui s'y trouve, opération que les ouvriers appelent *faire la barbe*, et qu'après l'écoulement de cette eau tout est fini. On perd donc alors un tems précieux, sans aucun profit , puisqu'il est certain que cette demi-journée consacrée au repos , ne produit pas une parcelle d'huile. Cela prouve que cet usage nuisible aux propriétaires des olives, n'est pas même avantageux au maître du moulin , qui acquiert la réputation de donner des grignons bien secs.

Si au lieu de mettre la pâte des 5 sacs d'olives dans 3o scortins, on en avait occupé 1oo, et qu'on eût fait agir en même tems les 6 vis avec le plus de lenteur possible , nul doute que ces scortins moins gorgés de pâte , n'eussent donné en huile un plus grand résultat. Leur grand nombre aurait produit l'effet des corps durs que M. Bernard voulait introduire entre ces scortins , parce qu'ayant chacun peu de pâte, la pile aurait eu plus d'équilibre , et les parois de ces scortins ayant la facilité de se rapprocher , auraient fourni des tourteaux plus minces et mieux pressurés. Alors on n'aurait pas eu besoin d'attendre 11 heures pour enlever le marc ; l'intervalle d'un pressurage à l'autre aurait suffi pour le donner sec ; et on aurait pu dire avec vérité, que les tourteaux ne contenaient qu'une *très-petite quantité d'huile*. Par la méthode qu'on suit, au contraire , les vis agissant par le moyen d'un cabestan , on pourrait présumer que si, immédiatement après l'action du pressurage , on enlevait les tourteaux , comme je le pratique , on verrait , si on voulait étreindre fortement ce marc avec la main, l'huile suinter de toute part.

Ce grand nombre de pressoirs , d'après ce système , est non seulement inutile , mais il est dangereux , puisqu'il sert à donner aux moulins qui les ont , une réputation qu'ils ne méritent pas ; car , d'après l'exposé de M. Bernard , bien loin que leurs vis soient employées à exprimer l'huile des marcs , elles ne servent qu'à les rendre plus secs. Je reviens à mes opérations.

Quand la pile des scortins est montée , on y place le nombre de plateaux en bois qu'on juge nécessaire , et après on fait descendre la vis.

Bien que la pression de cette vis soit lente , il est défendu aux ouvriers de l'accélérer , et cette précaution ajoute à ces bons effets. Deux hommes pressurent donc lentement et à la main , avec la cheville triangulaire qui sert à fixer la lanterne. Quand ils ne peuvent plus agir , on emploie la barre où quatre et même six hommes peuvent se placer. Quand la barre ne peut plus produire aucun effet , on fait agir le cabestan (1) , et on pressure alors jusqu'à extinction.

____

(1) « On ne se pique pas de bien pressurer les » olives , la première fois qu'on les met sous le pres- » soir. Il serait pourtant de la plus grande importan- » ce de pressurer alors avec le tour : l'huile serait cons-

Pendant cette opération l'huile et l'amurque ; qui en sont les produits , coulent des scortins sur la mastre qui leur sert de base , et sont conduites par un canal que termine un gros robinet , dans un baquet que les ouvriers auxquels la garde en est confiée vont vider dans un cuvier vulgairement appelé *espérance* , *bernarde* , *etc.* Cette première pression donne l'huile vierge.

Quand la pâte est ainsi pressurée , on *fait la barbe* , et on remonte la vis. Après avoir ôté les plateaux , on enlève les scortins.

L'usage ordinaire est de plier à droite et à gauche les scortins ; d'avoir l'air de diviser , avec les mains , les parties des tourteaux qui ont déjà été séparées par les différentes secousses qu'on leur a fait éprouver. Dans certains cantons , on vide les scortins sur une grande table , et tout l'atelier se met au travail pour diviser les tourteaux à la main.

On sent que si ces tourteaux avaient été exactement pressurés , on éprouverait plus de

---

» tamment meilleure . et on en retirerait une plus
» grande quantité , parce que celle qui se mêle avec
» l'eau se dégage ensuite très-difficilement. » M. Bernard,
page 446.

difficulté pour les diviser, on y mettrait beaucoup plus de tems , et on a besoin d'aller vîte.
C'est par cette raison qu'on évite d'employer le
cabestan , et non « par la lenteur avec laquelle
» l'huile s'échappe lorsqu'on veut la tirer par
» expression sans employer l'eau bouillante »
comme M. Bernard le suppose.

D'un autre côté, les tourteaux ayant été mal
pressurés, on pétrit la pâte au lieu de la diviser,
mais on expédie la besogne, et c'est là , principalement , ce qu'on croit devoir exiger des
ouvriers.

Ces méthodes sont plus ou moins défectueuses. Elles manquent également le but , qui
consiste à diviser parfaitement la pâte , si on
veut que l'eau bouillante ait action sur toutes
ses parties.

Pour l'atteindre , ce but , j'ai imaginé une
machine simple qui a complettement réussi. Les
cultivateurs la considèrent comme la meilleure
pièce de mon atelier ; elle expédie très-vîte et
très-bien.

C'est un cylindre creux, formé par de petites
douves arc-boutées d'un bois dur et bien sec ,
assemblées par leurs extrémités à deux autres
pièces de bois dur arrondies, où deux frettes les

assujétissent. On a placé entre chaque douve une lame de fer , qui sort en dehors de quelques lignes. L'axe de ce cylindre est en fer , et ses extrémités sont disposées pour recevoir chacune une manivelle. Le tout est horizontalement placé dans une trémie où l'on vide les scortins , et qui a , dans une de ses parties , d'autres lames en fer , pour que leur frottement avec celles du cylindre opère la division de la pâte.

Quand cette trémie est garnie, deux hommes font tourner le cylindre , et la pâte parfaitement divisée par sa rotation , tombe sur un plateau , où d'autres ouvriers remplissent les scortins , qu'on remet de suite sous le pressoir.

L'ouvrier qui a la direction du fourneau , et qui par allusion est appelé *diable* , répand alors sur chaque scortin, à fur et à mesure qu'on le place , la quantité d'eau bouillante nécessaire pour imbiber toutes les particules de la pâte , et faciliter , par son action , la sortie du peu d'huile qu'elle contient.

Cela fini , on pressure comme je l'ai indiqué , mais ce second produit est vidé dans un autre cuvier qui donne l'huile échaudée. Si les particuliers ne veulent faire qu'une seule qualité d'huile , ce qui est très-vicieux et très-préjudiciable à leur intérêt , le premier cuvier reçoit les deux produits.

Mon atelier se compose de trois pressoirs , de trois virants, de deux vastes chaudières qu'un seul fourneau met en ébullition, de quatre cuviers, de deux bassines en cuivre susceptibles de contenir plus de quatre quintaux d'huile chacune, et d'une infinité d'autres objets dont le détail serait fastidieux. Tous les vases en cuivre sont étamés avec soin sur toutes leurs faces , pour prévenir l'inconvénient du *vert-de-gris*.

Il est malheureusement trop vrai que nos moulins à huile offrent en général le dégoutant spectacle du *vert-de-gris* , recouvrant tous les ustensiles en cuivre à leur usage. L'alarme que donna M. l'abbé Rozier à ce sujet , *prouve qu'il avait parcouru nos ateliers.* Les personnalités indécentes de M. Couture sur l'assertion » que nos huiles ont été reconnues de tous les » tems et de tous les médecins comme le contre- » poison le plus spécifique , » n'affirment rien de contraire aux faits dénoncés par ce physicien et ont beaucoup contribué à paralyser les bons effets que ses principes devaient produire. Je vais transcrire quelques-uns des passages de M. l'abbé Rozier que je trouve dans l'ouvrage de

M. Couture , page 279 et suivantes , on jugera si les craintes de ce savant agronome étaient aussi dépourvues de raison et de fondement que l'avance le curé de Miramas, et si elles lui méritaient les reproches d'imposture et autres que cet écrivain lui prodigue.

Après avoir parlé des moulins de la Flandre française et autrichienne , et principalement de ceux de la Hollande , M. l'abbé Rozier continue :

« Quel contraste de ces moulins avec ceux de
» la France ? Ceux-ci sont tapissés de toiles
» d'araignées ; la crasse accumulée depuis la
» première fabrication, encruste, revêt toute la
» la surface des meules , des pressoirs ; les me-
» sures , les cuillers , la patelle pour lever
» l'huile , sont en cuivre , et ce cuivre ne se
» connaît que par le *vert-de-gris* qui le recou-
» vre. Je n'exagère point (*dit l'écrivain men-*
» *teur que je copie* [1]) , je peins d'après na-
» ture. Le magistrat met à l'amende le parti-
» culier qui ne balaie pas devant chez lui ; il
» est surprenant qu'il ne porte pas la même

____

[1] J'ai mis en lettres *italiques* ce qui se trouve entre deux parenthèses : ce sont les gentillesses de M. Couture.

» vigilance sur un objet qui intéresse autant la
» santé des citoyens.

» J'en appelle à l'expérience journalière, et
» on verra qu'il n'est point d'année que le
» *vert-de-gris* ne fasse dans le royaume au moins
» *cent* malheureuses victimes de la négligence,
» de la malpropreté, de l'imprudence. C'est
» aux états, c'est aux parlements des différentes
» provinces à prendre cet objet dans la plus
» sérieuse considération. *Je dénonce ici publi-*
» *quement l'abus.* C'est donc à présent *à ceux*
» *qui ont l'autorité en main*, et qui doivent
» veiller à la conservation du citoyen, à y re-
» médier. J'ai fait mon devoir. Le magistrat ne
» peut être indifférent à faire le sien, et à
» prévenir les tristes suites qui résultent d'une
» coutume si funeste à l'humanité.

» Ce n'est pas dans un seul endroit que le
» *vert-de-gris* recouvre les ustensiles en cuivre
» dont on se sert ; je puis assurer (*dit toujours*
» *l'imposteur*) que depuis la partie du Lan-
» guedoc où l'on cultive les oliviers, jusqu'en
» Provence, et de Provence jusqu'à Gênes,
» j'ai vu, mais vu *par-tout*, les ustensiles
» destinées à l'huile, chargés de *vert-de-gris.*
» J'insiste sur cet objet. (*C'est toujours l'im-*

» *posture qui parle.*) Puisse ce que je viens
» de dire réveiller l'attention du magistrat *sur*
» *un danger si évident !*

Sans l'opposition de M. Couture sur un fait
aussi constant, nos moulins offriraient peut-être
aujourd'hui le tableau riant de la propreté qui distingue encore si honorablement ceux de la Hollande
que M. l'abbé Rozier a décrits. Nonobstant les dé-
clamations hardies de cet enthousiaste, il faut
convenir que si la prudence a pu exiger le rejet
des machines hollandaises, on ne voit pas la
raison qui nous a empêchés de profiter du plan
de conduite suivi par ce peuple industrieux dans
la fabrication des huiles. Sans être prophête,
j'ose prédire que cette révolution s'opérera ;
que les avantages et les agréments qui en résulteront seront un hommage public rendu au
mérite de son auteur, et un sujet de regret pour
M. Couture de l'avoir retardée.

La fabrication des huiles va nuit et jour pendant toute la durée de la récolte des olives,
les dimanches et fêtes exceptés. Deux virans
seulement sont en activité : le troisième, ainsi
qu'une vis, n'agissent jamais qu'en remplacement.
A cette sage précaution, on joint celle d'avoir
toujours la moitié de l'équipage sur pied. Par

cette disposition , la durée du travail devient égale à celle du repos , et les ouvriers pouvant, sans être excédés de fatigue , suffire à toutes les opérations , agissent toujours de la même manière sans éprouver le besoin d'accélérer ni de ralentir leur ouvrage.

Les trois virans sont placés sur la même ligne, à une distance égale l'un de l'autre. Les pressoirs se trouvent sur la perpendiculaire du milieu des deux premiers , et le fourneau sur celle du centre du second. Par cette distribution , le transport des scortins aux pressoirs est facile , par la grande proximité de ces machines ; et le fourneau étant , pour ainsi dire , isolé au centre de la fabrique , fait l'effet d'un poële , et répand une chaleur uniforme dans tout l'atelier.

La fabrique a son entrée au midi. Elle est éclairée pendant le jour par deux grandes croisées vitrées , d'une seule pièce , scellées dans le mur pour intercepter la communication de l'air extérieur. L'une de ces croisées est placée au midi, l'autre au levant. Il y a aussi quelques demi-croisées également vitrées , pour renouveller l'air quand cela est utile.

Pendant la nuit, des quinquets distribués dans les différentes pièces , donnent une grande clarté, rendent les divers travaux faciles , et n'offrent pas les inconvéniens de ces énormes *calens* qu'on suspend ordinairement sur les meules tournantes , sur les cuviers , etc. etc.

Deux ouvriers d'élite , appelés *baillis* , président au triturage des olives , et on ne peut retirer la pâte de la coupe qu'après qu'ils en ont donné l'ordre. Ils sont chargés d'enlever l'huile des cuviers , ainsi que les eaux qui , je le répète , ne sont autre chose que l'huile qui n'a pas pu se séparer de l'amurque ; de faire le partage de cette huile , et celui des eaux entre le propriétaire et le méger ; de faire transporter le tout à l'entrepôt , avec les grignons des particuliers , dans l'emplacement qui leur est désigné.

Cet entrepôt placé au centre de l'atelier , a deux issues , l'une pour recevoir les grignons et les huiles fabriquées , l'autre pour les livrer aux particuliers. Il est sous la responsabilité du maître du moulin , qui croit n'en devoir confier la clef à personne ; et il a pour surveillant le public ainsi que tous les ouvriers de la fabrique.

Les *baillis* tiennent avec propreté tous les ustensiles du moulin. Ils maintiennent , entre les ouvriers , le bon ordre , la paix , la décence ; ils veillent avec la plus grande sollicitude à ce que les chalands soient entièrement satisfaits , et n'aient à faire aucun reproche fondé à personne. Pour que leur surveillance soit plus facile , plus sûre , chaque ouvrier a sa besogne déterminée et rien ne peut le distraire parce que son travail ne variant pas , il parvient aisément à perfectionner ce qu'il fait, fesant toujours la même chose.

Sous l'égide de cette bonne police, toutes les opérations s'exécutent promptement et sans confusion ; les propriétaires des olives de l'un ou de l'autre sexe peuvent les suivre avec plus de satisfaction , sans s'exposer à des avanies indécentes. Malheur à celui qui chercherait à troubler l'harmonie qui existe , à diminuer la confiance qu'elle doit inspirer !.. Il serait chassé à l'instant.

L'erreur a multiplié les pressoirs dans les moulins à huile du département du Var. J'ai fait voir qu'on pouvait les utiliser en triplant le nombre des scortins , en employant six vis au lieu de deux pour pressurer la *motte*. Mais que faire de ce nombre excessif de cuviers qui les décorent et qui doivent leur existence à la même cause ?

Dans tout le département des Bouches-du-Rhône , et surtout à Aix et dans ses environs, où l'on se pique de faire la meilleure huile , l'huile par excellence , on ne met que deux cuviers par virant , l'un pour l'huile vierge , l'autre pour l'huile échaudée. Après qu'on a rempli le cuvier , on laisse reposer l'huile pendant une heure , et l'expérience a démontré que ce tems était suffisant pour la séparer de l'amurque. M. Couture , page 275 , s'exprime ainsi :

« Après avoir laissé reposer mes huiles l'espace » d'une heure , il est facile de les séparer de » l'amurque. »

Dans le département du Var , au contraire , il y a tel cuvier où reste 12 et souvent 24 heures l'huile du même particulier. La différence est trop sensible pour ne pas sauter aux yeux. Comment et pourquoi existe-t-elle dans le même pays , chez le même peuple ? C'est ce que je vais tâcher d'expliquer.

Depuis long-tems les agronomes cherchaient à connaître le produit des enfers et celui des recenses. Des circonstances heureuses , utilisées par un zèle éclairé , donnèrent des résultats que le travail le plus opiniâtre n'aurait pu se promettre. Effrayés des produits immenses des caquiers, dont ils ne soupçonnaient pas la cause, ils indiquèrent plusieurs moyens, pour sauver aux cultivateurs l'huile qui s'échappait dans les enfers, certains d'obtenir par la recense celle qui restait dans les grignons.

On a donc adopté ce nombre considérable de cuviers, dans l'idée de sauver une grande partie de l'huile que les enfers engloutissent. Erreur, qui ne diminue pas d'une seule goutte le produit des caquiers, mais qui nuit singulièrement au propriétaire des olives. Son huile, en séjournant aussi longtems dans les cuviers, séjourne sur l'amurque, sur l'eau chaude bourbeuse, sur les féces dont on l'a séparée. Elle perd nécessairement en qualité, en poids, en valeur ; et ces inconvéniens graves doivent faire sentir la nécessité d'une réforme.

Le produit ordinaire des enfers n'a rien d'illicite. C'est par erreur que les agronomes se sont déchaînés contre les propriétaires des moulins qui en profitent. S'ils avaient connu la cause du mal, ils se seraient épargné la peine de forger contr'eux des calomnies qui n'ont servi qu'à rendre leur condition plus désagréable, sans rien diminuer de leurs bénéfices.

M. l'abbé Rozier, distingué par ses grands

talents , par ses vertus , par ses malheurs , est accusé d'avoir parlé de nos moulins, des propriétaires et des baillis de ces établissements d'une manière peu digne de lui. On voit à regret que son dictionnaire universel d'agriculture , fait pour le rendre cher aux cultivateurs, aux savants, soit entâché de ces passages où , par des suppositions gratuites , par de sarcasmes immérités , il attaque indistinctement tous les travailleurs de nos ateliers. Il est certain qu'il a , comme ses contemporains, attribué aux individus les vices qui sont inhérents à nos machines. On lui reproche encore d'avoir confondu des ouvriers recommandables avec les artisans de la fraude , de la mauvaise foi. Mais si , dans son travail sur le mot *huile* , qui brille d'ailleurs par tant de beautés , il a pu errer sur le compte des maîtres des moulins , sur celui des agents qu'ils emploient ; si à leur égard , il a pu considérer comme prouvé ce qui était en question , donner une cause douteuse à des effets certains , accabler de son mépris des hommes qui avaient besoin d'être éclairés par ses lumières , on doit supposer qu'ayant été trompé par les apparences , il a suivi le torrent sans trop méditer sur des questions alors insolubles.

En remontant à la source qui fournit les

huiles d'enfer , les propriétaires des moulins ,
leur maître-ouvrier appelé *bailli* , *triaire*, etc.
seront victorieusement disculpés ; mais avant
hasardons quelques réflexions qui auront un
but utile , si elles donnent une juste idée de
leur conduite.

Je suppose que dans tous les moulins où l'on
emploie un ou plusieurs *baillis* , on a l'attention
de les choisir parmi les ouvriers les mieux famés
et les plus intelligents. Je ne parlerai que de
ce qui se passe dans ma commune.

Ici ceux qu'on élève à ce grade , sont pour
l'ordinaire des hommes avantageusement connus
par leur capacité , par leur désintéressement,
par leur prudence, et par une activité constante
proportionnée à la tâche honorable et pénible
qu'ils ont à remplir. Considérés par l'emploi
qu'ils exercent , ils cherchent à s'en rendre dignes , à justifier , par les soins qu'ils donnent
aux opérations délicates dont ils sont chargés ,
la confiance du public , l'estime du maître ,
et rarement ils s'écartent du chemin de l'honneur
qui peut seul la leur conserver.

Quel est en effet le motif qui pourrait les
porter au sacrifice de leur réputation ? Le propriétaire du moulin en choisissant ses baillis

doit consulter l'opinion publique , d'où il suit
que ces hommes de choix ne sont point ses créa-
tures , mais qu'ils appartiennent au public qui
les a désignés. Pour la garantie des propriétaires des olives , les baillis ne doivent point
être associés avec celui du moulin , ni par-
ticiper au produit scandaleux des enfers. Comme *baillis* , ils sont assurés d'avoir de l'emploi dans la plus mauvaise saison de l'année ;
de gagner le double des autres ouvriers , d'être
chéris , fêtés de tous les chalands , tant qu'ils
sont dignes de la bienveillance du public qui
les place , les surveille , et les juge avec
beaucoup de sévérité. Si par leur inconduite ils
donnent prise à la médisance , on les chasse ,
et l'infamie les accompagne jusqu'au tombeau.
Non seulement ils ne peuvent plus se mon-
trer à la tête d'aucun atelier , mais le maître
de moulin qui les admettrait comme ouvrier
subalterne serait soupçonné de mauvais dessein
et son travail en souffrirait. Ces considérations
sont assez fortes , assez puissantes pour ne permettre qu'à des hommes d'une probité reconnue
de parcourir cette carrière. Je pourrais en nommer dont il serait à désirer que les bonnes
qualités pussent germer dans nos campagnes.

Avec de tels hommes, le propriétaire des olives et celui du moulin peuvent être tranquilles, leurs intérêts sont en toute sûreté.

Cela n'empêche pas qu'on cite des moulins moins bien administrés. On sait ce que peuvent faire des fermiers avides, des propriétaires mal avisés. Le choix du *bailli* dans ces établissemens n'a jamais été le sujet d'aucune délibération. C'est le fermier, ou le propriétaire, ou un homme sans aveu qui en remplit la charge. Là on peut supposer que le produit licite des enfers sera grossi par tout ce que la ruse et la bassesse pourront suggérer ; que les moyens vils et universellement reprouvés qui donnent du bénéfice seront employés avec impudence ; mais ces moulins et ces hommes sont connus. On ne peut donc, sans cesser de se respecter, confondre nos bonnes fabriques avec ces coupe-gorge. Cela serait d'autant plus injuste qu'on ne peut se dissimuler que les particuliers qui composent leur chalandise s'en écartent bien vîte quand ils n'ont pas un grand intérêt à continuer de les fréquenter.

La source unique du produit légitime des enfers, résulte de la pression précipitée des vis en bois.

J'ai prouvé que la pâte , *surprise* par cette pression précipitée , s'échappait incontinent par les mailles des scortins , en même tems que l'huile et l'amurque. Or cette pâte , dans cet état , n'est point encore débarrassée de l'huile qu'elle contient. Elle est emportée des mastres dans les baquets ; on la vide , par leur moyen , dans les cuviers où sa pesanteur spécifique l'empêche de surnager.

M. Bernard veut que les cuviers soient garnis pendant plus de 11 heures s'il est possible , et ses principes à cet égard ont été favorablement accueillis dans son département. Ce tems, beaucoup trop considérable , que l'inexpérience et l'avarice ont doublé, est inutile. Si les autres procédés indiqués par cet auteur respectable, avaient pu être suivis ; à moins que son cylindre n'eût mis tout le liquide du cuvier en ébullition , ce qui n'aurait pas peu contribué à vicier l'huile , leur résultat aurait été nul. Mais les revêries de ce bon citoyen sont impraticables. En fait , le liquide du cuvier se refroidit , ainsi que M. Bernard le fait observer. Qu'on le laisse plein aussi longtems que l'on voudra , cette pâte huileuse restera toujours dans l'inaction. Elle ne peut se dépouiller de toute son huile , ou si l'on veut d'une grande partie , que par la fermentation ; et c'est dans les enfers où on la précipite avec l'amurque et les eaux qui ont servi à l'échauder , que cette opération s'exécute.

L'huile qui se détache alors des féces surnage et on l'appelle huile lampante ; celle qui y adhère tellement que la fermentation ne peut l'en séparer , plonge avec ce dépôt au fond des caquiers , et à l'époque des grandes chaleurs, après avoir enlevé le liquide inutile qui le couvre , on parvient à l'exprimer par le procédé d'usage que M. Bernard a décrit.

La même cause donne des grignons mal dépouillés. En donnant un apperçu du produit des enfers et de la récense, on fera sentir la nécessité d'arrêter ces fléaux spoliateurs. Heureusement ils prennent leur source dans le même vice : obtenez une pression lente et sûre , il sera complettement extirpé.

J'ai dit et prouvé que les agronomes qui avaient parlé de la physique de nos moulins, du produit de nos huiles , de leur qualité ; qui ont donné les détails des opérations que leur fabrication exige ; n'avaient pas soupçonné la cause du produit des huiles d'enfer , ni celle des huiles qu'on obtient par la recensé des grignons.

Raisonnant sur des hypothèses différentes et également fausses, ils ont dû errer sur les conséquences qu'ils en ont tirées, et ne s'accorder que sur les effets résultans de cette cause qui leur était inconnue.

M. l'abbé Rozier ne détermine pas le produit des huiles d'enfer. Ce qu'il nous dit de celui qu'on obtient par la recence des grignons, (1) est bien propre à fixer l'attention des cultivateurs, et n'a pas besoin de commentaire pour prouver l'imperfection de nos machines.

M. Bernard parle vaguement des huiles pro-

---

(1) « On laisse dans les marcs une si grande
» quantité d'huile, que sur la masse totale des ré-
» coltes d'huile dans nos provinces à oliviers, on
» peut évaluer à peu près à 100,000 livres de perte
» réelle et en nature d'huile... Quel sera l'étonne-
» ment de ceux qui n'ont point d'idée du produit
» des recenses, quand ils apprendront que les six
» recenses de la ville de Grasse, donnent, année
» commune, environ 2000 *rub* d'huile. Le rub pèse
20 livres, poids du pays. »

Dictionnaire universel d'agriculture, article *huile*,
pages 562 à 568.

venant de la recence des marcs. Plus à portée de suivre les travaux journaliers des moulins de son canton, qu'il nous représente comme les meilleurs de la Provence, il parvient à rendre un compte très-détaillé, très-précieux du produit des huiles d'enfer que ces moulins fournissent. (1)

Ce produit est effrayant. Il le devient davantage encore en le comparant par la pensée avec celui des moulins qui leur sont inférieurs et

---

(1) « En 1778, les moulins de Draguignan, dont » le produit des enfers appartient aux hospices, ont » englouti la neuvième partie de l'huile recueillie » dans le terroir... De tous les abus que j'attaque, » il n'en est point qui mérite davantage d'être ré- » primé, que celui dont il est ici question. La plus » grande quantité d'huile qui se perd au moulin ne » reste pas dans le marc. C'est dans les caquiers » qu'elle s'échappe, et il y en a toujours une partie » considérable qui est nécessairement perdue, parce » qu'elle reste combinée avec des féces qui ne leur » permettent plus de se dégager. Par l'état que j'ai » donné de la quantité d'huile que les caquiers ont » fournie à Draguignan, en 1778, on jugera de la » perte immense que font les cultivateurs dans tous » les autres moulins de la Provence ! »

M. Bernard, page 462 et suivantes.

dont les fermiers ont un intérêt personnel à le grossir. Le travail de M. Bernard a cela de commun avec celui de M. l'abbé Rozier, qu'il sert à prouver bien éloquemment l'imperfection de nos machines.

M. Couture, n'ayant rien à dire, décrit la structure des caquiers. Il avance qu'à Miramas leur produit n'est pas considérable. Instruit des 40,000 livres d'huile que les recenses de Grasse ont fournies, cet auteur fait une sortie aussi violente que risible contre les personnes qui ont dirigé ces recenses, comme si elles pouvaient être coupables d'un vice qui tient essentiellement à la constitution de nos engins, et qu'on pût leur imputer à crime d'être parvenues à sauver une huile qui, avant l'établissement des recenses, était destinée à être brûlée. Il cherche ensuite à prouver l'inutilité des machines que M. Bernard indique pour réduire à zéro le produit des enfers, et finit par proposer de restituer au public, l'huile provenant de la recense des grignons, sans avoir égard à celle des enfers (1), dont il considère le produit comme à peu près nul.

---

(1) « C'est un vice essentiellement attaché à toutes

Par l'exposé de M. Bernard, au contraire, il résulte que les caquiers peuvent engloutir licitement *le neuvième de l'huile recueillie dans le terroir*. Si l'on ajoute à ce neuvième « *la* » *partie considérable qui reste combinée avec* » *les féces* » et qu'on obtient par la recense des enfers, ainsi que M. Bernard l'a décrit, en donnant une évaluation un peu forte à *cette partie considérable*, à laquelle je vais pourtant avoir égard en parlant de la recense des marcs, on peut conclure que les caquiers *engloutissent licitement la sixième partie de l'huile recueillie dans le terroir les années où les olives sont vermoulues*.

Ce déficit a donc lieu dans les bonnes fabriques, dans celles où le produit des enfers n'appartient pas à ceux qui les exploitent ; que sera ce donc dans les moulins qui n'offrent pas la même garantie, où l'on peut supposer autant

---

» les fabrications ; l'orfèvre comme le potier perdent » de la matière qu'ils travaillent ; le tailleur de » pierre comme le tailleur d'habit font des échancrures; » on laisse du grain à l'aire, du vin à la cuve, et » de l'huile au moulin. »

M. Couture, page 315.

d'abus que d'opérations, où les meûniers profi‑
tent exclusivement de ces produits ?

M. Bernard estime « que la plus grande quan‑
» tité de l'huile qui se perd au moulin, ne
» reste pas dans le marc. » Je ne partage pas
son opinion.

Il doit exister entre l'huile qui s'échappe dans
les enfers et celle qui reste dans les marcs, une
proportion fixe qu'on pourrait rigoureusement
déterminer.

Il est certain que plus les caquiers rendent ;
moins la pâte a été bien broyée, et alors les
grignons doivent rendre dans le même rapport
et donner un plus grand résultat.

M. Bernard convient « que l'huile qui reste
» dans les marcs n'y est jamais plus abondam‑
» ment que dans les années où les olives sont
» vermoulues. » C'est aussi dans ces années-là,
que les caquiers rendent considérablement.

Sans me livrer à des calculs algébriques qui
pourraient ne pas être appréciés du commun des
lecteurs, je ferai observer que la pâte huileuse
qui s'échappe dans les caquiers, contient pro‑
portionnellement beaucoup plus d'huile que celle
qui reste dans les marcs, mais que cette quantité
de pâte est aussi infiniment moindre. Ayant donc

égard à ces deux excès , je crois pouvoir avan-
cer , malgré le sentiment de M. Bernard , que
la quantité d'huile qu'on peut obtenir par la
la recense des marcs , doit être , toutes circonstances égales , plus considérable que celle qu'on
retire des caquiers (1). Cependant , pour avoir
une donnée à peu près certaine, sans me jeter
dans l'embarras où pourrait me conduire une
précision plus rigoureuse , compenser avec usure
ce dont je puis avoir augmenté , en rendant
compte du produit des enfers , l'huile qui se
trouve combinée avec les féces , je pose en
principe que la quantité d'huile qu'on obtient ,

(1) Les négociants qui font la partie des huiles et
dont le nombre est connu , recevant presque toutes
celles du département du Var , pour être vendues
dans cette commune , peuvent jeter un grand jour
sur la solution de ce problème. Il s'agit de savoir si,
dans les envois qu'on leur fait , la quantité des huiles
d'enfer est moindre , ou plus considérable que celle
des huiles de recense. Cet éclaircissement , que je
sais être en faveur des recenses , donne d'autant plus
de poids à mes raisons , qu'on sait de science certaine que tous les grignons ne sont pas recensés ,
tandis qu'il n'existe point de moulins à huile sans
enfer.

par la recense des marcs , égale celle qu'on retire des caquiers. Les recenses procurent donc *la sixième partie de l'huile recueillie dans le terroir , les années où les olives sont ver-moulues. Les cultivateurs laissent donc ces années-là le tiers de leur huile au moulin.*

Si , dans le calme des passions, le curé de Miramas avait pu méditer sur les résultats fournis par ces deux écrivains , s'il avait pu ne pas les croire exagérés , il aurait appréhendé de confondre cette perte. effrayante avec les grains qu'on laisse à l'aire et le vin qu'on perd dans la cuve.

Cette perte, quelqu'excessive qu'elle paraisse, n'est point imaginaire ; elle existe réellement : je puis en fournir la preuve par mes procédés.

Je fais un appel à tout ce que ma commune renferme d'hommes honnêtes et impartiaux. Qu'ils fassent six tas égaux de trois qualités d'olives différentes , olives saines, olives mi-saines et mi-vermoulues , olives entièrement vermoulues. Qu'un tas de chaque qualité d'olive soit détrité dans un moulin de l'ancien système , et les trois autres dans le mien. S'ils comparent ensuite les divers produits , ils trouveront dans ceux que j'aurai fournis, un excédent *d'un cinquième* sur les olives saines , *d'un quart* sur les olives mi-saines et mi-vermoulues , et *d'un tiers* (1) sur les olives entièrement vermoulues.

Le magistrat dont la sollicitude pour le bien public n'a pas besoin d'être excitée ; les corps savants qui sont institués pour propager les connaissances utiles , pour assigner le degré de confiance que l'on doit accorder aux découvertes qui intéressent le gouvernement et les citoyens , pourraient se réunir pour diriger ces épreuves, donner à leur résultat une grande publicité , faire évanouir toutes les incertitudes , et proclamer la vérité par un acte authentique où les gardiens respectables des lois auraient concouru avec les dépositaires de la science.

----

(1) Mon établissement a produit les meilleurs effets dans mon terroir et dans les communes qui l'environnent. Plusieurs propriétaires et grand nombre de cultivateurs m'ont assuré avoir obtenu , dans leurs moulins respectifs , beaucoup plus d'huile que par le passé , d'une même quantité d'olives. C'est à l'émulation salutaire qui s'est établie qu'on doit ces résultats, qui ne détruisent pas le vice radical de nos engins. Tant qu'il existera , les maîtres des moulins seront louables de chercher à me suivre , mais la différence que j'annonce ne sera pas moins invariable.

Alors les vices de nos engins qui , faute d'expérience , avaient été pris pour des abus , et contre lesquels s'élevèrent avec la force de l'évidence les vrais amis de la prospérité nationale , ne seront plus considérés comme des chimères.

L'amour-propre offensé par la supériorité des talens , égaré par la jalousie qu'inspire leur triomphe aux ames vulgaires , ne confondra plus , parmi les fictions brillantes d'une imagination fertile , ces ouvrages lumineux que l'esprit d'ordre a produits , tant pour éclairer les hommes en général , que pour servir de phares aux cultivateurs dans les routes variées et difficiles qui peuvent conduire à la perfection du premier des arts.

L'imprudent qui a osé qualifier d'imposteur l'infortuné Rozier , recevra donc le prix de sa témérité. C'est envain qu'il a cru que nous partagerions son ingratitude , que nous pourrions effacer de notre mémoire le souvenir des services rendus à la société par cet agronome modeste , dont tous les instants d'une honorable vie ont eu pour objet de multiplier nos ressources , d'aggrandir , par des labeurs immenses et d'une utilité générale , la gloire du nom français.

Si celui qui a porté à une si grande distance, les limites du domaine de Cérès, discuté avec discernement, avec sagesse, les grands intérêts de la patrie, plaidé avec la chaleur d'un homme de bien, avec le courage de la vertu, la cause sainte de l'humanité, nous est représenté comme un *méchant* (1), comme un *calomniateur* ; à quels signes pourrons-nous désormais reconnaître les mortels bienfaisants qui ont des droits à notre reconnaissance, qui sont dignes de nos éloges ?

Heureusement ces diatribes mal digérées, nulles relativement à la fin qu'elles se proposent, font assez connaître la mauvaise humeur qui les a dictées. Si des passions haineuses, que rien ne justifie, ont conduit son auteur inconsidéré loin des bornes que la modération prescrit ; si elles ont pu le tromper jusqu'à lui faire voir dans l'ami du genre humain le fléau de la Provence, et s'il a entassé so-

----

(1) « Ah , le méchant ! Mais si je le démasque ,
» que fera-t-il ? Il déployera ses longues aîles ; il
» sifflera dans les quatre coins du monde tout ce qu'il
» lui plaira. »

M. Couture , page 286 et suivantes.

phisme sur sophisme pour prouver l'existence d'une inimitié imaginaire et sans but , qu'il en supporte seul la honte et le blâme.

Pour nous qui ne sommes pas dominés par l'envie ; également étrangers aux intrigues , aux disputes , aux cabales ; n'ayant d'autre intérêt que celui de la vérité , d'autre règle que celle de la justice ; n'hésitons pas de rendre un hommage sincère à la mémoire d'un prêtre cultivateur et philosophe qui , sans cagotisme , sans sortir de son caractère , a connu et pratiqué les vertus sociales qui ont distingué les sages de tous les tems , de toutes les nations.

Puissent ceux qui doivent nous suivre dans cette carrière être animés du même esprit et se convaincre qu'on ne saurait trop respecter le génie même dans ses écarts ; que si un devoir rigoureux nous force quelquefois de déchirer le voile qui couvre les fautes des hommes célèbres , de ces êtres privilégiés qui nous ont applani les difficultés qui entourent et défendent l'entrée qui conduit au sanctuaire du savoir ; on ne doit agir qu'avec beaucoup de circonspection ; observer rigoureusement ce que commande la bienséance , ce qu'exige la sévère équité ; sans nous avilir par des injures grossières , par des calomnies encore plus révoltantes.

Depuis deux ans que mon établissement est en pleine activité , plusieurs propriétaires ont fait des épreuves , et quelques uns ont eu la bonté de me communiquer les résultats qu'ils ont obtenus. Je suis autorisé à les nommer. Pour ne pas grossir ma liste , pour n'avoir pas à citer mes amis , je dois faire choix des personnes que j'ai connues à l'occasion de ces épreuves , et distinguer dans le nombre, celles dont les opérations m'ont paru avoir été faites avec soin , avec cet esprit d'impartialité et de justice qui inspire la confiance , et doit servir de boussole à tous ceux qui voudront prendre la peine de marcher sur leurs traces.

L'épreuve de MM. de Candolle , propriétaires aux Cayols , a été faite avec des olives saines , et a donné , en sus du produit commun , une augmentation *d'un cinquième.*

Celle faite par M. Imbert , propriétaire à la Rose , avec des olives moins saines , a donné beaucoup plus *du quart.*

Par les détails que M. Perrin , négociant , propriétaire à St. Just. m'a fournis, son épreuve ayant été faite avec des olives un peu moins saines que celles de M. Imbert , a donné *le tiers*, à peu de chose près.

Ces MM. m'ont assuré avoir fait leurs épreuves dans les meilleurs moulins de ma commune ; exploités par de braves gens , par de bons ouvriers qui ont donné tous leurs soins à ce travail , et auxquels on ne peut pas supposer l'intention de vouloir faire triompher mon établissement.

C'est donc indépendamment des soins et de la volonté de ces bons, de ces honnêtes ouvriers, manœuvrant dans trois des meilleurs moulins du terroir , que cette différence existe ; elle résulte donc du vice des engins dans la proportion *du cinquième au tiers* (1) , suivant la qualité

---

(1) La raison confirme assez que les huiles qui se précipitent dans les enfers , ou qui restent adhérentes aux grignons , étant restituées aux particuliers par mes procédés , doivent produire cette augmentation : je veux y ajouter encore l'autorité de l'expérience.

A cet effet , mes caquiers seront fermés et cadenassés avec trois différens cadenas. Une des clefs sera confiée à un curé ou recteur des églises qui sont dans mon voisinage , l'autre à un propriétaire bourgeois , et la troisième à un propriétaire cultivateur.

A la fin de chaque récolte et avant de congédier

et l'état des olives. Le rapport serait bien autrement considérable , si à ce vice on supposait des abus qu'on reproche à nos fabriques. Mes procédés donnent donc aux propriétaires des terres toute l'huile que leurs olives contiennent , sans qu'il s'en échappe dans les caquiers , sans qu'il en reste dans les marcs.

C'est d'après ces résultats que je vais déterminer la mouture ; elle doit être connue et concorder avec les dépenses.

Quand mon atelier est au complet , ma dépense ordinaire est de 110 francs par jour environ. Celle d'entretien est un objet de 600

---

mon atelier , dont les individus peuvent être considérés comme autant de surveillans éclairés et sévères de ma conduite à cet égard , des affiches placardées dans les lieux les plus apparents de ma commune , annonceront au public l'ouverture de mes caquiers , en indiquant le jour et l'heure où l'enlèvement des huiles dites d'enfer aura lieu.

MM. les dépositaires des clefs seront priés de venir eux-mêmes présider à cette opération , en présence de tous ceux qui voudront acquérir personnellement la certitude des faits , et signer ave ces MM. le procès-verbal qui , par respect pour la vérité , constatera la quantité d'huile qu'on aura trouvée dans ces citernes.

francs par an ; non compris les scortins pour l'achat desquels une pareille somme est à peine suffisante. En supposant que la durée du travail soit de deux mois, mes dépenses réunies s'élèvent à 130 francs par jour, sans avoir égard à l'intérêt du capital.

Je puis expédier, avec mon équipage, les olives que pourraient triturer trois moulins de l'ancien système, et fabriquer, à peu près, vingt-cinq quintaux d'huile dans les vingt-quatre heures. Mais comme le travail, soit dans le commencement, soit à la fin de la récolte, est presque nul, on peut estimer que le terme moyen de ma fabrication ne doit pas excéder de quinze à dix-huit quintaux d'huile par jour.

On conçoit que pour répondre à l'affluence dont le public honore mon établissement, pour lui procurer bonne et prompte expédition, je suis forcé de me précautionner d'hommes et de mulets, de les garder longtems dans l'inaction pour n'en point manquer au fort de la récolte, et que cet inconvénient, existant dans tous les moulins qui n'ont pas l'eau pour moteur, doit être plus considérable dans le mien où un plus grand nombre d'agents m'est nécessaire.

J'ai dit que je ne ferai plus payer la mouture relativement à la capacité des *mottes* , pour conserver la liberté de la diminuer encore si je le crois utile à la perfection de l'art. C'est donc sur les produits en huile que je dois établir la recette , persuadé , avec l'illustre citoyen de Genève , " que ce qui rend tous les impôts " onéreux au cultivateur est qu'ils sont pécu- " niaires , et qu'il est premièrement obligé de " vendre pour parvenir à payer. "

Le mode suivi dans les moulins actuels pour recevoir la mouture , diffère de celui que je cherche à établir. 1.° Il n'est pas basé sur les produits ; 2.° son principal revenu est en huile que le meûnier obtient par des routes différentes , rarement illicites , mais toujours cachées aux cultivateurs ; 3.° enfin , on exige encore une taxe en argent , qui varie selon les circonstances et les localités.

Je donne en huile du *cinquième au tiers* en sus des autres moulins. Si je prends un juste milieu , si je réduis ce bénéfice *au quart* , et que je propose de recevoir pour la mouture la moitié de ce bénéfice , je dois concilier tous les intérêts , et réunir tous les vœux. J'établis donc *que tous les frais quelconques seront ac-*

quittés dans mon moulin, avec le huitième de l'huile fabriquée.

Ce *huitième* n'est qu'une partie de la portion que les enfers engloutissent dans les meilleurs moulins , dans ceux où leur produit appartient aux hospices.

Le cultivateur aura donc en sus du produit commun au moins un huitième , plus tous les frais du moulin payé.

Le méger sera beaucoup avantagé : il sortira du moulin libéré ; il ne sera plus réduit à vendre sa denrée à vil prix pour payer la mouture ; et il aura encore plus d'huile que dans aucune fabrique existante.

On croit généralement que c'est le paysan qui acquitte tous les frais du moulin , tandis qu'il ne paye personnellement que la taxe variable en numéraire que les meûniers ont établie, ce qui n'est rien moins que le montant de ces frais. Au risque de me répéter , il faut éclaircir tous les doutes.

La mouture se compose 1.º de cette taxe variable que les meûniers ont établie ; 2.º de l'huile qui s'échappe dans les caquiers ; 3º de celle qui reste dans les marcs ; 4.º enfin de l'huile qu'on prend arbitrairement pour éclairer l'atelier, pour nourrir l'équipage. Otez la taxe variable en numéraire (1), tout le reste est commun entre le propriétaire et le méger.

Le paysan ne paye donc pas toute la mouture, puisqu'il est évident que le propriétaire perd, au moins, la moitié des huiles qui sont englouties par les enfers, absorbées par les grignons, dévorées par l'atelier, et consommées par les lumières. Par une suite naturelle des principes que j'établis, le contingent du propriétaire sera beaucoup moindre de cette moitié. Ici sans être tenu à aucun sacrifice, sans éprouver aucune perte, sans payer une obole de plus que son méger, il a la certitude de gagner, comme lui, plus d'un seizième en sus de ce qu'il obtiendrait dans les meilleurs moulins de l'ancien système. Ceux qui m'accuseront, mal-

____

(1) « A Grasse, dit M. Bernard, page 463, les
» propriétaires des moulins entretiennent des mu-
» lets et des domestiques qui vont chercher *gratis*,
» même à plus de trois lieues de distance, les olives
» des particuliers, et les olives sont encore détritées
» *gratis*. Chaque particulier reçoit son huile sans
» frais, et il n'abandonne, pour jouir de cet avan-
» tage, que les grignons. »

gré cette garantie , d'avoir voulu favoriser cet homme de peine au préjudice de son maître , pourront être soupçonnés d'avoir jugé mes motifs avec légéreté ; car on ne peut pas supposer que celui qui veut être équitable envers les paysans , ait l'intention de nuire aux propriétaires.

On verra tout le vide de cette supposition , si on considère que par la lecture réfléchie de cet écrit, on peut acquérir la certitude 1.° que les phénomènes extraordinaires que j'ai annoncés , résultent de mes machines ; 2.° que ces machines , étant comparées avec celles qui existent, donnent l'entière conviction de leur grande supériorité.

Ce principe établi , on conviendra nécessairement que ces heureuses découvertes , pour n'être que l'effet du hasard , ne perdent rien de leur utilité , de leur évidence ; et que la moindre prérogative qu'on puisse leur accorder, doit consister dans la puissance de vaincre les préjugés , de détruire les erreurs qui nuisent à la fabrication des huiles.

Cela démontré , par quel vertige irai-je sacrifier le bien général au fol orgueil de capter , par des voies injustes , les suffrages de la multitude ? Le système que j'ai embrassé n'a que faire de ce concours importun et toujours équivoque. La raison , l'expérience et la vérité , voilà mes guides et mes protecteurs. C'est sous leur direction tutélaire que mon faible ouvrage va paraître. Tant qu'il sera digne de son objet , tant qu'il marchera sous leurs bannières victorieuses , il pourra braver les efforts de la cabale , réprimer les abus qui ruinent le laboureur , en disperser les suppôts , anéantir les monopoles qui insultent à sa misère depuis tant de siècles , et finir par donner une nouvelle vie à des établissemens qui ont une si grande influence sur sa prospérité. C'est dans cette vue qu'il doit parcourir les champs fortunés où l'arbre de la sagesse , de la paix , est cultivé par des mains guerrières que le sort des combats a respectées, et qu'il lui sera beau de fixer l'attention des hommes.

Ce mode , pour recevoir la mouture , réunit de si grands avantages , que bien qu'il soit inusité dans cette commune, tout doit concourir à favoriser son exécution.

On peut considérer en premier lieu que l'intérêt du meûnier ne sera plus étranger à celui des propriétaires des olives , puisque ce premier ne peut gagner qu'en raison des résultats qu'il obtient dans la fabrication. Ses soins et tout ce qu'il a d'intelligence, d'industrie, seront donc dirigés vers cet objet ; et les succès les plus avantageux, tant pour la qualité des huiles que pour leur quantité, seront la récompense de son zèle.

D'un autre côté, la mouture se payant en argent, on sait que le paysan, soit par besoin, soit par erreur, voudrait, pour diminuer sa dépense, pouvoir mettre toute sa récolte dans une seule *motte*, quoique ce moyen soit onéreux à son maître et ruineux pour lui.

C'est à cet usage grotesque que l'on doit la cueillette tardive, l'amoncelement des olives, ainsi que toutes les sottises qu'on a faites, dites, publiées, et qui insultent encore au sens commun, au retour de chaque récolte. La vraie cause de tous ces mauvais raisonnemens, de la conduite extravagante à laquelle ils donnent lieu, a sa source dans une économie mal entendue qui tient moins à l'ordre qu'à l'avarice, et que la misère réelle du paysan peut seule faire excuser. Tout ce qu'il veut, tout ce qu'il ambitionne, c'est de réduire le volume de ses olives pour avoir moins de *mottes* à payer. Il est sourd à la voix de l'expérience qui lui crie que son huile perd en quantité, en qualité, en valeur. Ce qui l'occupe, ce qui paralyse toutes ses facultés intellectuelles, c'est le moment présent, c'est le besoin qu'il a de diminuer ses charges (1). Le détail de la mouture dans cette hypothèse, est minutieux, sans principe, sans règle. Pour rappeler l'ordre dans cette partie dont les conséquences peuvent être si funestes, je ne vois que le payement en nature ; et n'offrit-il que la suppression des abus qui résultent de cette anarchie, il faudrait l'adopter.

---

(1) Lisez ce qu'écrivait, il y a cent cinquante ans à peu près, l'un de nos meilleurs citoyens, le patriarche de l'agriculture française, l'agronome le plus étonnant de son siècle, et que le nôtre n'admire pas assez ...

« Le moins garder les olives est le meilleur pour
» la bonté et pour la quantité d'huile : car sans doute
» fraischement envoyées au moulin l'huile en sort et
» plus doux et plus abondant que long temps gar-
» dées ; reconnaissant très-bien à l'œil, que l'huile
» s'augmente en telles bonnes qualités à mesure qu'on
» s'avance à exprimer les olives : ayant cru cet avis
» à propos pour ostre l'erreur de la contraire opinion
» pratiquée par plusieurs. » Olivier de Serres, lieu
6e., page 627.

D'ailleurs les années ou l'huile est sans valeur, soit par l'effet de l'abondance, ou par des circonstances impérieuses tout aussi nuisibles, le propriétaire du moulin supporte, avec les cultivateurs, les pertes, les embarras occasionnés par ces événements, et s'en dédommage avec eux, les années où la vente de cette denrée est favorisée.

On pourrait ajouter enfin, à toutes ces considérations, que ce mode prévient une infinité d'excès qu'on croit devoir taire, et que la prudence doit écarter avec soin des établissemens publics, où tout doit respirer la confiance et la bonne foi.

En nommant les personnes qui ont fait les épreuves que j'ai fait connaître, je me flatte qu'on ne revoquera pas en doute leur véracité; ceux néanmoins qui n'en seraient pas persuadés, pourront se convaincre en fesant eux-mêmes de nouvelles épreuves; je les sollicite au nom du bien public. Formez des tas d'olives égaux en qualité, en poids; suivez personnellement avec exactitude toutes les opérations que la fabrication exige; pesez les huiles que les deux produits vous fourniront, et la différence, en plus, que ces MM. ont obtenue, sera le résultat

7.

de vos épreuves. Les objections qu'on pourrait élever à cet égard sont donc inadmissibles, puisque l'expérience sert de preuve au raisonnement, et que chacun est libre de renouveller ces expériences.

Pour ce qui concerne les machines par lesquelles on obtient ces avantages, je sais ce que les préjugés pourront suggérer à ceux-mêmes qui sont de bonne foi. Ils diront que les pores, les crevasses de mes meules servant à nicher les olives et la pâte ; que cet inconvénient doit être nuisible au produit des huiles ; que le séjour constant des meules sur les olives, doit altérer la qualité de l'huile, doit servir à la rendre plus forte ; qu'on ne voit pas la possibilité d'enlever toute l'huile qui reste sur la dormante ; qu'une meule de *pierre-froide* et à *peissaire* n'expose pas à ces inconvéniens ; qu'elle a d'ailleurs la facilité d'être mise en mouvement par un seul mulet, tandis que deux sont à peine suffisans pour mouvoir les miennes. Ils ajouteront que la pression lente que je préconise, est un grand obstacle à la fabrication des huiles, puisqu'elle prolonge la durée du travail, attendu que l'intervalle que mes ouvriers mettent pour remonter mes vis, suffit, dans les autres

moulins pour le pressurage d'une motte. Encou‑
ragés par ces sophismes , ils poursuivront en
accusant ma méthode pour diviser la pâte , après
en avoir obtenu l'huile vierge. La machine que
vous avez imaginée , diront‑ils , est embarras‑
sante. Il faut transporter les scortins , les vider ,
faire agir cette machine , regarnir ces scortins....
tout cela prend un tems précieux. Nos bons
ouvriers expédient la besogne tout aussi vîte ,
sans attirail et sans dépenses. Ils finiront en‑
fin par trouver plaisant que je proscrive les
cabestans des autres moulins pour me les ap‑
proprier exclusivement , par une raison qui
semble contrarier mes principes , puisqu'à l'aide
de ces engins , on obtient plus de lenteur dans
l'action du pressurage.

Je puis répondre à ces hommes conduits par la
coutume : 1.º Ne soyez point alarmés des pores ,
des crevasses dont mes meules sont remplies , elles
ne peuvent pas servir à nicher ni vos olives , ni
la pâte qui en provient. C'est par les imperfec‑
tions apparentes que vous leur supposez , qu'elles
parviennent à triturer , à déchirer , à diviser
parfaitement ces olives , et à vous procurer une
pâte tellement bien broyée , qu'il ne faut que
la soumettre à la pression lente et sûre que

j'indique , pour en extraire jusqu'au dernier atôme de l'huile qu'elle contient.

Voyez dans les moulins à farine , dont l'objet est de diviser les grains, si leurs meules ne sont pas poreuses et crevassées. Le grain de blé , sensiblement plus petit que l'olive , ne se niche pourtant pas dans ces crevasses , dans ces pôres qui le subdivisent à l'infini , et vous voudriez que ce phénomène se réalisât pour les olives ? Rappelez-vous que la pâte produite par les olives est une pâte graisseuse, délayée dans une grande quantité d'amurque , qu'elle n'a pas la propriété de s'endurcir , de rester adhérente aux meules , puisqu'elle glisse , et la terreur panique qu'on vous a inspirée contre les miennes se dissipera.

Il suit de là que si les pores , les crevasses des meules ne peuvent point servir à nicher une partie quelconque de la pâte des olives, les iné-galités de ces meules ne pourront donc, dans au-cun cas , être nuisibles au produit des huiles.

Ces meules agissent par un mouvement uni-formé et lent. Leur séjour n'est point constant sur toutes les olives. Elles ne travaillent que celles qui ont besoin d'être triturées ; et leur mécanisme agissant conformément aux lois de la trituration, loin de nuire à la qualité des huiles , doit augmenter

leur douceur, leur bonté , puisque par la diminution du volume des *mottes* ces olives sont réduites
en pâte dans moins de tems.

Quant à l'opération pour enlever l'huile qui
reste sur la dormante , elle est à la fois simple
et sûre. On divise par mon cylindre des grignons
frais ; on les répand sur la dormante : ils font
l'effet de la sciure de bois. Avec un balai on
les amoncèle , on en garnit un ou plusieurs
scortins , et la dormante débarrassée de toute
l'huile qu'elle contenait , est prête à recevoir
de nouvelles olives.

Les *pierres-froides* que vous regrettez ne peuvent pas remplir l'objet de la trituration des
olives. Les corps durs et lisses flattent le coup-
d'œil, roulent avec aisance , mais cela ne donne
pas des olives bien détritées. L'effort dont les
pierres poreuses et crevassées ont besoin pour
être mises en action , est une preuve de leur
bonté. Si elles ne fesaient que faire glisser les
olives ; si elles ne servaient qu'à les froisser ou
à les meurtrir comme font les *pierres-froides* ,
elles rouleraient de même avec la plus grande
facilité. Mais occupées à déchirer , à diviser les
olives , elles doivent éprouver une plus grande
résistance , et avoir besoin d'une force plus considérable pour être mises en mouvement.

La suppression du *peissaire* n'est pas un objet d'économie ; je l'ai remplacé par un mulet. La bonne fabrication exigeait cette réforme. Pourquoi se livrer à l'incertitude de rencontrer de bons ouvriers, ou à l'embarras de les former, lorsque par le moyen d'une machine simple et dont les effets sont certains, on peut obtenir les mêmes résultats ? Ce que ce moulin exécute bien une fois, il l'exécutera toujours bien. Un ouvrier quelqu'intelligent, quelqu'actif qu'on le suppose, ne saurait offrir cette constance, soit dans la bonté du triturage, soit dans sa durée. Sa suppression était donc commandée par la prudence ; elle doit mériter l'approbation des cultivateurs, puisqu'elle leur garantit une bonne trituration, invariable dans ses principes comme dans ses résultats.

2.º Par la pression précipitée des vis en bois on accélère le travail, mais on le gâte, et c'est précisément ce qu'on évite par la pression lente que je conseille. Le tems qui est nécessaire à mes vis pour produire leur effet, est celui dont la pâte a besoin pour se dépouiller de son huile, de son amurque ; et comme c'est là le but du pressurage, ce n'est pas l'atteindre que de brusquer cette opération. Au reste, malgré l'amoindrissement de mes mottes, la lenteur que je mets à les pressurer ;

quoique mes virans soient à fuseaux , c'est-à-dire, que mes meules n'aillent pas plus vîte que les chevaux qui les font mouvoir , je doute qu'il existe beaucoup de moulins à huile ayant deux virans capables de bien fabriquer, ainsi que je puis le faire , 25 quintaux d'huile dans les 24 heures.

3.° Les différentes méthodes qu'on emploie pour diviser la pâte des olives , après en avoir exprimé l'huile vierge , peuvent être considérées comme plus ou moins vicieuses. L'insouciance des fabricants à cet égard est très-répréhensible. Pour ne pas mériter ce reproche , j'ai fait construire un cylindre qui remplit parfaitement les conditions exigées par l'art , consistant à diviser cette pâte à tel point que l'eau bouillante dont on l'arrose puisse envelopper toutes ces particules , et faciliter la sortie du peû d'huile qu'elle contient. Les meilleurs ouvriers ne feront jamais si vîte , ni si bien avec moins d'embarras. Malgré les détracteurs de cette machine , s'il en existe, je suis bien certain que les bons esprits conviennent de son utilité , et pensent avec moi que de cette petite découverte résulteront de grands avantages.

4.° Dans les bons moulins à huile du département des Bouches-du-Rhône , on ne fait point usage du cabestan , attendu qu'il sert à ralentir les travaux. D'après M. Couture , page 304 et suivantes,

ce n'est guère que dans les moulins faibles en engins et en hommes qu'on l'emploie avec quelque
avantage. Je pense que les deux partis ont raison,
et néanmoins j'estime que le cabestan dans une
fabrique à huile de l'ancien système, est aussi
déplacé que le seraient une mâture et des voiles
qu'on placerait sur une charrette, dans l'intention d'accélérer sa marche en diminuant le nombre et l'effort des mulets. Il est certain qu'en
fesant un usage sérieux du cabestan, dans le
premier cas, on parviendrait, sans beaucoup
d'effort, à détruire le pressoir le mieux consolidé;
et en déployant les voiles dans le second, à ren-
verser la charrette. Cette machine ne peut donc
être utilement employée que dans un moulin où
les vis sont en fer forgé, ayant à-peu-près six
lignes de pas; parce qu'alors il y a accord parfait
entre la force de la vis et celle du cabestan, et
qu'on peut faire agir sans danger ces deux forces,
jusqu'à l'instant où le marc se trouve entièrement
dépouillé de tout le liquide qu'il contient. La
bonne fabrication et la prudence ordonnent de
s'arrêter là, à moins qu'on ne veuille sans
nécessité sacrifier les scortins, les plateaux, etc.,
ce qu'on peut faire sans exposer les vis et sans
éprouver beaucoup de résistance.

Telle est la marche à suivre dans cette fabrication rurale , si l'on veut obtenir jusqu'au dernier atôme de l'huile que les olives contiennent , sans que la moindre parcelle s'échappe dans les enfers, ou se montre dans les grignons.

Les trois opérations principales qui conduisent à ce résultat, sont de rigueur : un triturage parfait des olives ; une pression lente et sûre pour extraire tous les sucs de la pâte ; un moyen simple pour bien diviser cette pâte , pour rendre ses particules accessibles à l'eau bouillante qui doit servir à dégager l'huile que le premier pressurage a laissée.

La première de ces opérations exige des meules formées d'une matière homogène , poreuses , crevassées, compactes , dures, incapables de se polir , de devenir lisses par le frottement ; telles enfin , qu'à mesure qu'elles s'usent , de nouveaux pores , de nouvelles crevasses se découvrent et les maintiennent dans leur état naturel , le seul convenable à la trituration des olives. La seconde, des vis solides ayant des pas infiniment petits ; et la troisième, une machine égale ou semblable à celle que j'ai inventée.

Les autres opérations, dépendantes des trois premières , doivent concourir à la perfection de l'art. J'éviterai d'en rappeler le détail. Je ne dirai rien des soins que les scortins exigent ,

de leur forme , de la matière que l'on doit préférablement employer pour leur construction.
Je ne parlerai pas de la propreté des autres ustensiles ; de la tenue des engins ; de la police de l'atelier ; de l'ordre établi et à créer , pour éviter la confusion , soit dans les moutures , soit dans leurs produits, et finalement des principes tendant à perfectionner tout ce qui se rapporte à l'objet principal et essentiel de la fabrication des huiles ; croyant plus utile d'exposer aux propriétaires des olives les raisons qui doivent les décider à suivre par eux-mêmes , ou par des hommes dignes de confiance, tous les travaux du moulin , puisque suivant l'apologue , il n'y a pour voir que l'œil du maître.

Et en effet , la présence du maître paraît d'autant plus urgente, qu'il est naturel de présumer que tout le mal qu'on suppose inhérent à ces fabriques , n'a pris naissance que par son indolence. Si ce mal n'est point fictif , s'il existe réellement, il faut convenir qu'il s'est tellement enraciné par l'effet de l'habitude, que les attaques partielles et infructueuses qu'on lui a fait éprouver, loin de le détruire, n'ont servi qu'à le rendre en quelque sorte légitime , en lui donnant la sanction d'un long usage. Le moment est enfin venu où l'on peut raisonnablement administrer des remèdes très-efficaces et compter , sans trop de présomption, sur une cure certaine. Aujourd'hui la cause du vice des engins étant connue , il sera facile de distinguer les abus de ce vice avec lequel on les a toujours confondus. S'il est juste que les meûniers gagnent , il ne l'est pas moins que leur bénéfice soit modéré , qu'il soit proportionné à la dépense ; et leur réputation, d'accord avec l'intérêt des particuliers, semblerait exiger que ce bénéfice fût connu. Tant qu'il existera sur le produit des enfers , qui peut calculer où il s'arrêtera ?(1)

____

(1) C'est ici où je dois fixer les idées, en ajoutant au vrai sens des principes que j'ai établis dans cet ouvrage , de nouvelles preuves de leur solidité. On doit avoir observé que mon travail a pour objet de diminuer les charges des cultivateurs, et d'augmenter leurs vraies richesses par les produits que l'on peut obtenir des récoltes. Malgré les raisonnements captieux des jaloux et les sottises des partisans de l'erreur , je crois avoir prouvé que la fabrication des huiles d'olives avait enfin atteint le but désiré par les sociétés célèbres. Je vais donc, sans récapituler les autres avantages que l'on obtient par ma méthode, exposer avec clarté , avec vérité , les profits certains qu'elle procure , et l'on jugera de leur importance.

L'expérience des deux dernières années affirme d'une manière très-satisfaisante que mon moulin a donné sur ceux de l'ancien sytème 20 , 25 et plus de 30 pour cent

Sans analyser les écrits des agronomes sur cette partie, je puis dire qu'en signalant le vice des

---

de bénéfice. On sait que mes nombreux rivaux ont ~~bien~~ ~~inutilement~~ voulu ~~pour~~ décrier mes engins, et que dans la lutte qui s'est établie, tous leurs efforts n'ont servi qu'à détraquer leurs frêles machines, qu'à démontrer leur faiblesse.

Les améliorations que j'ai faites à mon moulin depuis deux ans; les soins que je ne cesserai de prendre pour le porter, si je le puis, à un plus haut degré de perfection; promettent, au moins, que les résultats donnés ne seront point affaiblis, et que les particuliers trouveront toujours dans le nouveau mode d'acquiter les frais de mouture, comparativement aux produits qu'ils pourraient obtenir dans les autres moulins, un bénéfice net par chaque *motte* qui ne sera pas moindre de 6 f. 75 centimes et qui excédera souvent 11 f. 56 centimes.

Rendons cela sensible par la comparaison du produit de 10 *mottes* d'olives, dans l'une et l'autre hypothèse, en prenant successivement pour base les 3 résultats énoncés.

Je suppose que 10 *mottes* d'olives donnent en huile, dans les moulins de l'ancien système, un résultat de 25 scandaux. Ce produit n'est point exagéré.

En fixant avec modération le prix de cette huile, à 22 f. le scandal par exemple, nous aurons pour les 25 scandaux une valeur de . . . . 550 fr.

La rétribution exigée pour les frais de mouture dans ces moulins étant à raison de 4 francs par *motte*, donne pour les 10 *mottes* . . . 40 fr.

Reste donc pour le produit net de 25 scand. d'huile 510 fr.

engins , j'ai circonscrit les attributions des meûniers
dans leurs limites naturelles , et garanti , autant

Ce principe établi , déterminons , d'après l'augmentation de 20 , 25 et 30 pour cent que je donne en sus des
moulins ordinaires , les bénéfices réels qui en résultent.

Le moindre avantage que l'on obtienne dans mon moulin est le 20 pour cent, d'où il suit que 10 *mottes* d'olives
qui rendent 25 scandaux d'huile dans les moulins de l'ancien système , produiront 30 scandaux dans le mien ,
et ci . . . . 30 sc.

Il faut retrancher le huitième pour
ma mouture . . . . 3 sc. 75 centièmes

Reste donc en huile . . . . . 26 sc. 25 centièmes
qui font à raison de 22 f. le scandal. 577 f. 50 centimes

Déduisons de ce résultat la valeur
fournie par les autres moulins qui est de 510 f.

et le reste donnera sur les 10 *mottes*
un bénéfice net de . . . . 67 f. 50 centimes
Le bénéfice par chaque *motte* sera donc de 6 f. 75 centimes

On trouvera en suivant le même calcul que lorsque je
donne le 25 pour cent , le bénéfice par *motte* est de 9 f.
17 centimes et de 11 f. 56 centimes, quand cette augmentation est de 30 pour cent.

Ce travail me conduit à une réflexion très-simple , et
qui bien qu'elle ne soit qu'un corollaire des propositions
que j'ai démontrées , frappera par son évidence.

Si avant mon établissement un particulier avait offert
aux cultivateurs de ma contrée de leur faire détriter les
olives sans aucun frais , en leur garantissant la même
quantité d'huile qu'ils étaient dans l'usage d'obtenir dans

qu'il était permis de le faire , les droits respectifs des chalands. Tant que les pierres lisses et les vis en bois subsisteront dans nos moulins , on doit désespérer de mieux réussir. Dès que l'expérience aura fait connaître tous les inconvénients de ces machines ; dès qu'elles seront généralement proscrites de nos ateliers : on verra avec quelle facilité , avec quelle certitude, on peut exécuter les différents travaux aux quels une routine invétérée tient encore lieu de principes ; on appréciera les nombreux avantages, qui résultent des modifications apportées à l'ancienne méthode ; et on sera tout étonné d'être arrivé, sans rien innover , à la perfection d'un art si utile. Mais alors, comme aujourd'hui, rien ne pourra dispenser les proprié-

---

les moulins existants , nul doute qu'on n'eût regardé sa proposition comme infiniment avantageuse , et qu'on ne se fût empressé de profiter de sa découverte. Celle que j'annonce au public est bien autrement importante. On lui est redevable d'un triturage plus que gratuit , puisqu'indépendamment des soins extraordinaires que prennent les anciens meûniers pour perfectionner leurs machines ; pour rappeler l'ordre , l'économie dans leur fabrication , pour conserver une réputation qui leur échappe : la comparaison de nos produits donne encore en faveur de ma fabrique un excédent du *cinquième au tiers* , et conséquemment, tous frais déduits , un bénéfice net de 7 à 12 francs par chaque mouture.

taires des terres de surveiller leur denrée.

Quelque bien organisé que soit l'atelier d'un moulin à huile, les ouvriers qui le composent peuvent, sans avoir de mauvais desseins, nuire à l'intérêt des chalands. On doit se pénétrer que les opérations de ces fabriques s'exécutent par des travaux forcés. Ces hommes étant en haleine nuit et jour pendant plusieurs mois, sont excédés de fatigues, et la lassitude, mère de l'insouciance, ne produit en toute chose que des effets funestes. La présence du propriétaire suffit pour faire disparaître tous les obstacles, en ranimant le courage prêt à s'éteindre de ces bons travailleurs. Persuadés que ce maître soigneux suit ses olives dans toutes leurs métamorphoses, si on lui suppose les connaissances pratiques des opérations usitées dans les moulins, et ces connaissances sont bientôt acquises ; le zèle, l'attention, la crainte de mériter des reproches, soutenus par l'espoir d'une faible récompense, seront les fruits heureux de cette surveillance et d'une satisfaction générale. Alors finiront les négligences, les abus, les produits illicites des caquiers qui sont depuis si long-tems, au dire des agronomes, le scandale et l'opprobre de ces établissements.

Alors l'opinion publique sur le compte de ces

fabriques prendra une nouvelle direction. Considérées comme les entrepôts de notre plus précieuse
denrée ; reconnues, par l'expérience, comme incapables de la dévorer en partie, soit par le vice
des engins, soit par les abus criants qui le suivent, on les fréquentera avec sécurité, on suivra
leurs opérations avec plaisir ; et, loin d'être
repoussés de leur sein par cet intérêt sordide
qui enlaidit tout, qui a besoin des ténèbres pour
prospérer, on y sera appelé par la confiance.
Nos moulins servant de rendez-vous aux cultivateurs, leur procureront donc de nouveaux
avantages, en mettant fin à leurs incertitudes.
La durée de la récolte des olives embellira la
saison la plus rigoureuse de l'année ; les travaux utiles qu'elle exige seront autant de fêtes
champêtres célébrées avec joie par toutes les
classes ; et comme elles seront profitables à tous,
on en sortira avec l'esprit tranquille et le cœur
satisfait.

ERRATA.

Page 10, ligne 2 de la note. La capacité, *lisez* la grandeur.
15 — 1. l'arbitratre, *lisez* l'arbitraire.
24 — 23. huiles des graines, *lisez* huiles de graines.
29 — 21 et 22. que son flambeau, *lisez* qu'elle.
46 — 11. à la capacité, *lisez* au volume.
47 — 15. de la capacité, *lisez* du volume.
55 — 2. ces scortins, *lisez* les scortins.
88 — 2 et 5. des abus, *lisez* les abus.
90 — 2. à la capacité, *lisez* à la grandeur.